U0005127

螳螂
飼養與觀察

李季篤————著

MANTIS
FEEDING AND OBSERVATION

卵→若蟲→成蟲，
鉅細靡遺的螳螂生態全紀錄。

晨星出版

目錄 CONTENTS

Chapter4
14 堂螳螂
飼養觀察探究課　187

Co1umn

推薦序

探索螳螂，如探索一扇開啓的生命之窗

季篤老師，學生們口中親切的蟲蟲老師，自八十七年擔任教職起，年年帶學生參加科學競賽不曾間斷，至今已有十七、十八年之久，如此的執著專心致志，是位優秀的老師！在南投提起科展，大家一定會馬上聯想到：宏仁國中 & 李季篤，這兩個名字已成爲南投縣科展的代名詞了。

除了指導科展，他也寫書，《螳螂飼養與觀察》就是他的第九本著作，書中記錄了各式各樣的螳螂生態及宏仁國中常出沒的天牛、金龜子、蟬、竹節蟲等，即使沒上過季篤老師課的人，拜讀他的大作之後，相信多數人會一掃之前對昆蟲感到噁心的刻板印象。透過他精彩的攝影，張張清晰詳細解說每種生物的構造，恍然了解所有生物都是造物者精心的傑作，牠們完美的構造與神奇的功能令人驚喜和讚嘆。尤其從螳螂如此小的生物身上，我看到物種間的相生相剋，努力求生的本能與毅力，讓我不得不重新認眞地看待「生命」這個嚴肅又神聖的議題。

透過這本書不單能引導你認識螳螂，更讓讀者認識每種生命存在的可貴與不易，去思考生命的意義與價值，進而學習珍視、尊重自己與所有眾生的存在，這是值得推薦閱讀的好書，也是一本探索生命教育的活教材。

謝謝你，蟲蟲大師，宏中有你眞好，教育因你而有所不同，世界也因你而更豐足精彩。

南投縣宏仁國中校長　李孟柎

這是一本教孩子做學問的昆蟲書

網路講的都是真的嗎？課本教的都是對的嗎？我有一位非常喜愛觀察昆蟲生態的九歲孩子家熹，經常提著飼養箱到野外採集，問一些我回答不出來的問題，只能跟他說：「你養看看不就知道了」。

李季篤老師這本《螳螂飼養與觀察》，有別於坊間昆蟲圖鑑或學術論文，他不僅參考文獻，還親身做海量的實務觀察，在飼養觀察的篇章裡，他明確的訂出觀察動機、目的、步驟、結果，嚴謹的演繹、歸納，要找出各種影響螳螂「蟲生」的各種變數。

資訊爆炸時代，人們習慣透過網路找尋答案，因為太過便利，經常毫不遲疑的接收，網路上找得到關於螳螂的刻板答案包括「雌螳螂交配後一定會把雄螳螂吃掉」、「螳螂的體色與品種相關」、「螳螂體內的寄生鐵線蟲碰到水就會鑽出來」，可是李老師以大量精彩的圖片與一手觀察，告訴我們，「答案似乎沒有那麼簡單」！

我的小孩讀過李老師數本著作，都引發他親手操作的高度興趣，他不是大人說一就一，口頭問到答案就善罷甘休的「乖」孩子，非得親手實驗操作，而過程當中，展現了不平凡的專注力與求知欲。

如果你家中也有這樣的孩子，或者你想培養孩子從實務中做學問的態度，這本書會是一塊很棒的敲門磚，說不定在飼養、觀察的過程中，發現連李老師也會被問倒的未知領域，而做學問，不就是從假設、求證、推翻、再假設求證中精進嗎？這不僅是本昆蟲書，還是一本教孩子做學問的好書，推薦給大家。

PuliLife.com 大埔里@報總編輯　愛昆蟲孩子的家長

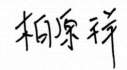

作者序

　　和螳螂的緣分是從兒時故鄉屋前的那盞路燈開始。我是個昆蟲迷，在小時候沒有那麼多的電子遊戲時，是昆蟲陪伴我度過無數快樂的孩童歲月，猶記當時這裡的夏天是昆蟲天堂，不管在校園內或田野間隨處都可以尋覓到各種昆蟲，到了夜晚，蟄伏於草叢四處各地的金龜子、鍬形蟲、獨角仙、螳螂、大小不同體型蛾類與各類形形色色的昆蟲，個個被催眠般，紛紛往電線桿上的燈光聚集，不管是用飛的、還是爬行的，數量多到不可勝數。但現今一間間高聳矗立的大樓與教室，覆蓋昔日生機盎然的綠地校園，取而代之的是合成橡膠人工跑道，環境產生如此大的巨變破壞，昆蟲再也無法居住，不是大舉搬遷，不然就是客死於現代文明的建築物下，使得現在的校園能夠看到昆蟲的種類與數量已不復從前，尤其位於都市型的學校更是明顯，如今若能在校園內，偶然發現牠們的蹤跡，我的心中總會有一絲喜悅，珍惜這得來不易的緣份。

　　在諸多巧遇的昆蟲中，對於螳螂情有獨鍾。儘管牠是大多數人不敢去抓來玩耍的昆蟲，或許那兇狠啃蟲的模樣與偌大瞪人的雙眼，讓同伴們避之唯恐不及，而我卻因牠那副無懈可擊之姿，時時須奮戰的英勇形象給深深吸引，在崇拜英雄般的心態下，進而仿效螳螂雙手舞動的行為，和同學玩起「螂抓人，摸頭、拍腳」的趣味遊戲。遊戲規則簡單，首先找來兩人，不論高矮胖瘦不分男女，令他們面對面雙手舉起，學習螳螂的前腳備戰姿勢，關鍵是出手速度快慢競賽啦！以觸碰到對方頭腳次數多與少，來決定遊戲的輸贏而給予獎勵，贏的人就可以像螳螂那樣，當上霸王，輸的一方得接受霸王慘痛的「彈耳根」處罰。哈哈！矮個的我每回想到當年可以戰勝高個子，那種狂妄自信，以及看到同學耳根被彈到臉龐糾結一起的囧樣，就覺得好笑，這些趣事雖然已經事隔多年了，仍是記憶猶新歷歷在目，真是個難忘的童年啊！

叫的出螳螂的名字是認識螳螂的第一步。全世界有千種以上的螳螂，其族群的分布範圍很廣，不管是熱帶、亞熱帶、溫帶皆有其蹤跡，百千種的螳螂類別數量，對於地球上水陸棲息近百萬種的節肢動物（昆蟲、蜘蛛、蝦蟹）而言，比例上雖然少的可憐，但牠們仍是生態系裡不可缺少的消費者，占了極重要的地位。或許是物以稀為貴的道理，人們喜愛螳螂的程度一點也沒減少，從螳螂擁有的多種或特殊名稱來看，就可以明白牠多麼受到人們的關注。在國外有人稱螳螂為占卜者、祈禱蟲、長頸蟲、天馬、刀螂、拒斧蟲、乞食蟲等，而在台灣對螳螂的命名同樣不遑多讓，趣味十足，客家人依風俗民情給螳螂取了「挨礱辟破」之名，台語教授驚訝地看到螳螂在草叢中跳躍飛奔，取為「草猴」之名，還有原民賽德克族人把會飛、有捕捉足的螳螂，喊為「utun dayu」等等，這些都是螳螂的別名。因此不管國內外如何稱呼螳螂，其緣由不外乎都是依螳螂的長相模樣、生態習性、生活棲地、文化特質來命名，所以對於數萬年來，螳螂所演化出的特有形態特徵及名字由來，更值得我們好好研究認識才是。

　　憑著對螳螂的熱愛，執起教鞭後，更喜歡用相機以影像方式近距離去接觸螳螂，每次的尋訪，都能為螳螂留下完整的記錄，因此每張照片都有獨特的主題故事。在教學過程中，每回講述到昆蟲特徵單元時，定會特別分享螳螂精彩生動的照片，從孩子們熱烈歡笑的表情，我得到正面的回應。尤其在 2010 年幾個學生決定要以螳螂作為科展研究主題後，更加速了我彙整及有系統地著手搜集相關資料。所以這本書多以圖像呈現的方向來編寫，或許不夠專業，有疏漏謬誤之處，不過卻真實地表達螳螂多樣豐富的生態樣貌，我相信這本應該會是相當有趣的螳螂專書吧！

　　最後，感謝晨星出版社陳銘民社長、徐惠雅、許裕苗主編給予機會，感謝魚勢坊陳佩甫館長傳授螳螂飼養方式，默默支持我的李孟桂校長、蕭仁貴主任，感謝 PuliLife.com 大埔里＠報總編輯柏原祥先生推薦，以及踴躍參與科展專題研究的長慶、鄭暉、昱淳、中瑋、柏允、立姮、潘擎、克諒、方婷、思妍、心妤、抒函、旻妏、至洹、硯丞、威霆、浩勳、博鈞等等學生們，讓螳螂的生態逐漸為人所熟知，感謝內人長期無怨的陪伴，讓本書得以順利出版，分享給有興趣的朋友們。

李季篤

2016 年 12 月於宏仁國中

Chapter 1
認識螳螂

一 螳螂的生態地位

　　根據出土的化石資料顯示，早在距今 8700 萬年中生代的白堊紀到 2 億 5000 萬年的三疊紀間，就已經有螳螂活動的蹤跡，只是歷經千萬年漫長的時間演變，至今的螳螂在外觀上有了許多改變，尤其在指標性前腳構造上，從無刺的特徵演化出大小不一的棘刺，是螳螂進化過程的重要特徵之一，這意味著螳螂必須透過不斷的演化才能在複雜競爭、劇烈變化的自然界中存活下來。

在中生代的三疊紀與白堊紀年代間，發現了古老的螳螂化石。

古生代 （約 5 億年前）	中生代 （約 2 億年前）	新生代 （約 6600 萬年前）
魚類出現	恐龍出現	哺乳類出現

全世界有將近 2000 種左右的螳螂分布於各個國家，但在不同地區對於螳螂的稱呼受到當地風俗文化及螳螂習性的影響，有著不同的名稱。例如住在台灣的客家人看到螳螂左右晃動的前肢，會聯想到磨稻穀的器具，而將螳螂稱為「挨礱辟破」（ai✓ liong✓ pi✓ po✓）；台語詩人觀察到螳螂常將前肢高高舉起的習性，便把螳螂比喻為在草中跳躍的猴子「草猴」（ㄘㄠ ㄍㄠ✓）；在原民賽德克族人口中把會飛行、有捕捉足的螳螂叫做「utun dayu」，因此，「螳螂」在台灣有了許多有趣的別名。

多樣的名稱由來大多是文化下的產物，聽起來雖然有趣，卻格外顯得有些錯亂，有鑑於此，生物學家為了能統一稱謂，讓所有人都看得懂，於是採用拉丁文制定「二名法」，即屬名（在前）＋種小名（在後），成為每一種生物專有的身分證，所以即使遇到語言不同、別名不同，仍可通用。除此更透過生物所具有的獨特外觀構造、生理功能、行為動作，找出種與種之間親緣的親疏關係，將生物歸類為界、門、綱、目、科、屬、種等七個階層，供後人依此來判定螳螂或與其他生物間的關係。

「界」是最高的分類階層單位，代表物種種類最多，但親緣關係最遠；「種」是最低的階層單位，所包含的種類最少，不過親緣間關係卻最為接近，藉此找出「同種」之生物，並把同種定義在「自然情況下能夠交配，且生出具有生殖能力的後代」。以寬腹螳螂分類階層為例：

▲ 即使不同體色，同種的寬腹螳螂也會交配。（上雄下雌）

攀木蜥蜴　　　中形金珠　　　小十三星瓢蟲

界
動物界

門
節肢動物門

綱
昆蟲綱

目
螳螂目

▲台灣大刀螳螂是「大刀螳屬」昆蟲，與台灣寬腹螳螂、寬腹螳螂之間是不同屬關係。

▲只有同種的寬腹螳螂才會進行交配並產下螵蛸後代。

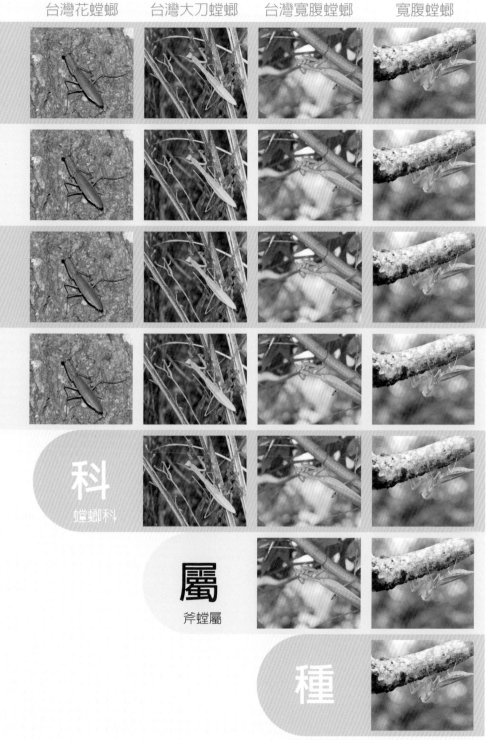

台灣花螳螂　　台灣大刀螳螂　　台灣寬腹螳螂　　寬腹螳螂

科
螳螂科

屬
斧螳屬

種

寬腹螳螂 *Hierodula patellifera*
屬名＋種小名　　**13**

二 外型特徵

螳螂與其他昆蟲的身體構造一樣，分為頭、胸、腹三段體節。頭上的構造，有複眼、觸角、口器、犄角等幾個重要的器官。略為扁平的倒三角形頭部，是螳螂的專有標誌，在他種昆蟲頭部身上，尚無發現相似模樣的頭型，左右兩側有一對雞蛋狀橢圓形複眼，不成比例的鑲埋在頭部之上，這大而突出的眼睛，乍看之下，跟日本超人氣卡通片「鹹蛋超人」有幾分神似。

螳螂的複眼是牠生活中不可缺少的工具，複眼內部由很多小眼共同組成，其功能是當物體出現在眼前或附近時，小眼即會快速判斷物體的大小與移動速度，若是獵物則前往精準捕捉，如是敵人則快閃躲避。

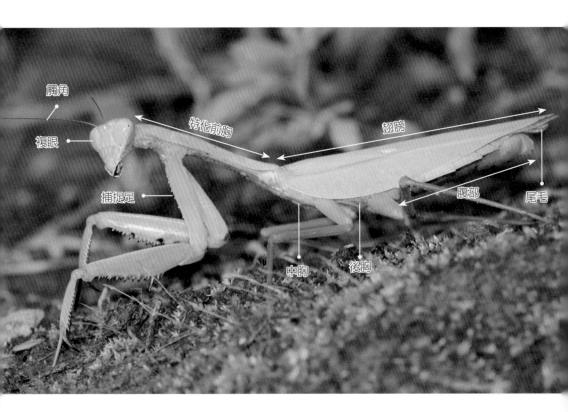

觸角　複眼　特化前胸　翅膀　捕捉足　腹部　尾毛　中胸　後胸

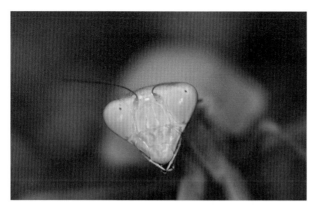

◀倒三角形頭部是
螳螂獨特的模樣。

▶部分螳螂頭頂有
一隻犄角構造。

▲腹部末端有二根尾毛。

▶尾毛的構造上有 13 ～ 15 小
節，每節體表布滿很多小細毛。

| 單眼、複眼、偽瞳孔 |

　　螳螂的兩個複眼之間有三粒小單眼，其功能除了量測獵物行動與獵捕距離遠近外，最主要是判斷周遭光線的強弱，例如天色一旦變暗，只要單眼感應到，訊息將傳至大腦與兩旁的複眼，讓複眼也隨著微弱光線而變黑，反之光線變亮，複眼也會慢慢恢復白天時的模樣。總之螳螂的複眼之所以會有這樣的變化，其目的是讓牠在夜間的行動與捕食不受影響。

　　另外複眼內還有個顯而易見的小黑點，被稱之為「偽瞳孔」，這個構造也是非常有趣，如果你有特別注意它的存在，會感覺到螳螂好像隨時隨地都看著你，不管你變換何種方位、角度，小黑點就是一直面對著你，原因在於我們觀看複眼時，只能看到面對自己角度部分的單眼底部之黑點，因此不管你怎麼移動位置或角度，小黑點還是一直跟著移動，這時你就會誤以為螳螂在瞪著你看，監視你的一舉一動。

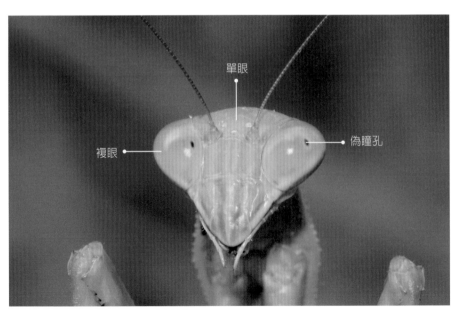

單眼

偽瞳孔

複眼

▲螳螂頭上除了有單眼外，還有複眼（內含小眼）、偽瞳孔。

▲夜晚時複眼內的色素集中在眼睛表面導致呈現黑色。

1.從下方看，偽瞳孔在下方。

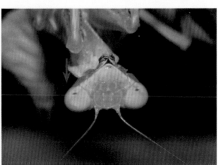

2.從上方看，偽瞳孔在上方。

3.從左側方向看，偽瞳孔出現在左方。

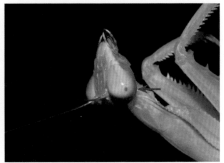

4.從右側方向看，偽瞳孔出現在右方。

昆蟲的斑紋特徵

　　螳螂的偽瞳孔讓我聯想到其他昆蟲身上的斑紋特徵，例如部分蛾類幼蟲或成蟲身上的眼狀斑紋，一旦受到干擾，身體會很快收縮拱起，眼斑立刻膨大，如同是一雙撐開的大眼直瞪著你，這雙看起來令人害怕的眼斑其實是假眼，在視覺上雖然沒有功用，但嚇唬膽小的天敵應該還蠻有用的喔！

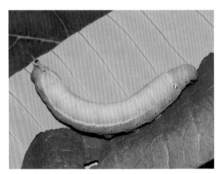

▲正在攝食的茜草白腰天蛾。

▲受到干擾，身體捲縮，胸背上的斑紋撐開後像似一雙怒目相視的眼睛。

▲休息中的姬透目天蠶蛾。

▲近看翅膀上的斑紋，宛如是個巨大的眼睛。

| 觸角 |

在兩個複眼之間除了有三個小單眼外，還有一對長長的觸角（或稱觸鬚），其構造大約有三部分：

柄節：與頭部相連接，是觸角的基部、也是第一節，整條觸角中就屬此段形態最為膨大，如同一座穩固的基地台底座。

梗節：屬於第二節，居於柄節與鞭節之間，是最為短小的一小節。

鞭節：第三節之後稱之，此區細長，而且每節之間大小相似，一般大家所稱的觸角，大多指此部位。這對長在頭頂上格外突兀的觸角，並不是美美的藝術裝飾品，觸角的表面有很多的感覺器或細毛，這些細毛擔任起嗅覺、味覺、觸覺等多樣之功能，讓觸角有如雷達天線般靈敏，隨時隨地可搜尋環境中複雜的各種訊息因子，就好像是人類的鼻子，可以用來聞出食物的氣味，進而判別食物的種類。

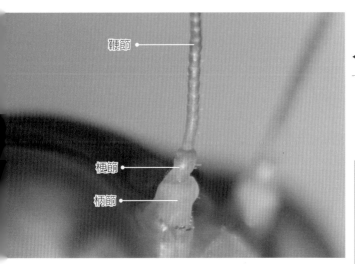

鞭節

梗節

柄節

◀螳螂觸角的基部好像是一個高壓電塔底座。

▶在顯微鏡下，可清楚看到一段段鞭節的形態，上面還有許多細小的感覺毛。

　　昆蟲的觸角有許多種形態，隨著昆蟲的種類不同，形態外觀也不一樣，絲狀、鋸齒狀、鞭狀、羽狀等是常見的觸角模樣。螳螂的觸角外觀呈長條細絲狀，經顯微鏡放大鑑定後，鞭節處清楚呈現圓筒形，而且每節粗細大小一致，屬於「絲狀」類的觸角，這樣的特徵明顯有別於蝴蝶端部數節膨大的「桿棒狀」，與天牛基部至端部，每節越來越細小的「鞭狀」等不同。在台灣土生土長的螳螂觸角之特徵，除了雄長、雌短外，沒有太大的不同變化，不過在國外卻發現有數種觸角奇特的螳螂，這些螳螂特殊的地

▲吃東西時觸角不斷在抖動。（台灣花螳螂若蟲）

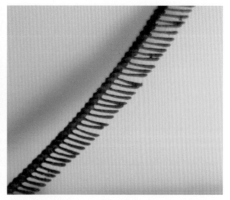

▲休息時觸角也在抖動偵測周圍環境。（全台最小的微翅跳螳螂若蟲）

▲少數螳螂觸角呈羽狀分岔。（小提琴螳螂）

▲在顯微鏡下，分岔的形態更加顯而易見。

方與蛾類每節兩側向外突出的「羽毛狀」形態長的很相似，尤其雄性螳螂的突出分岔又較雌性來的顯著。

很明顯的這些特徵因性別不同而出現差異，因與攝食或求偶的本能行為有關，曾在螳螂求偶方式的這篇文章中，親眼目睹雄螳螂遇見雌螳螂的那時，觸角抖晃得厲害，其行為也許正在接收雌螳螂所散發的費洛蒙，經觸角的感應判定後，斷定是否為同種間相同的氣味；另外雄螳螂要進一步跳上雌螳螂背部之前，甚至用觸角觸碰雌螳螂體背，或在交尾器正要接合時，雄螳螂會做出陣陣抖動的行為，我們合理推測，是將某種訊息傳遞給對方，作為溝通或培養默契的暗號，以順利完成接下來要做的事。故無論休息、獵捕、吃東西、甚至交配，觸角都有輔助功能。

其實不論螳螂觸角是絲狀還是羽毛狀，其功能並無二致，這可是螳螂不可或缺的器官，觸角一旦受損，會影響行動力、方向辨識、獵捕速度，嚴重者則是喪失對活體獵物的偵測，而捕獲不到食物，甚至連最重要的感應配偶能力都會減弱降低，如此一連串的影響，將導致無法在有限生命期限內不疾不徐的完成諸多使命了。

▲羽毛狀觸角以蛾類中的天蛾最顯著。

▲雄螳螂的觸角通常較雌螳螂來的長。

| 口器 |

　　昆蟲的嘴巴我們稱之為口器，由於生長環境與食物來源的差異，昆蟲這個進食的構造早已發展出各種不同的嘴型型態，以適應多樣的食物種類，有趣的是有些昆蟲明明是同一個種類，可是蛻變之後，口器的形態與功能完全變了樣。如蝴蝶、蚊子（孑孓）等昆蟲，在幼蟲階段口器專門吃植物的葉片或水中浮游生物，因而稱為「咀嚼器」；變為成蟲後，蚊子幼蟲的口器由咀嚼器變成「刺吸式」，蝴蝶幼蟲口器變成「虹吸式」，這個構造的轉變已經無法再繼續咬食較堅硬的食物，而改以吸食流質類的血液、花蜜，如此神奇的改變，令人感到不可思議。

■ 螳螂口器相關部位名稱

前額

頭盾
上唇
小顎鬚
小唇鬚

頰
大顎

目前昆蟲的口器形態大約有：咀嚼式口器、刺吸式、虹吸式、舐吸式、咀吸式等五大類。本文主角螳螂的口器屬於咀嚼式口器，由於螳螂是純肉食的關係，幼螳到成螳之間，口器並沒有出現不同的變化，主要構造如下：

頭盾：位於前額的正下方，狀似盾牌的輪廓。

上唇：連接頭盾，在取食時上揚，目的是可將食物調整到適合的食用位置。

大顎：位於頰部左右兩側的一對構造，末端呈黑色且有鋸齒狀，強而有力，可以快速撕裂食物，是進食的最主要工具。

小顎：隱藏在大顎之下，平時不易看見，其內另有多種小構造，攝食的時候會外翻而出，以輔助大顎咀食。

小顎鬚與下唇鬚：美食送到眼前時，這兩者不斷晃動，輔助將食物吃入口中。常見的蝗蟲、蟋蟀、螽斯、蜻蜓、豆娘、天牛、瓢蟲及螳螂等其口器皆為咀嚼式。

▲螳螂銳利的口器可快速咀嚼吃掉獵物。

▲看似不起眼的蚊子卻能吸食動物血液。

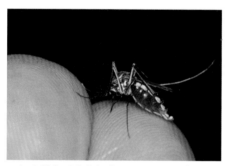

▲短時間內可將人類的血液吸入肚子內。

▲在顯微鏡下看到蚊子如針狀的刺吸式口器。

　　螳螂這強而有力的部位，能快速咬死及咀嚼獵物，但它不單只是一個進食的器官而已，還兼具許多重要功能，清潔身體就是其中一項，哇！乍聽之下，這實在太有趣了！想不到昆蟲的口器還有整理門面的功用，相信很多人還是第一次聽到呢！更厲害的是牠們知道什麼時候該清洗？要洗哪些部位？甚至清潔到何種程度？對牠們來說輕而易舉，我們就來看看螳螂這個了得的小嘴，如何為自己洗澎澎。

螳螂洗澎澎當然不是真的要跳入水中清洗，而是指螳螂的口器就像似一個大吸塵器，能從頭到腳把身體納垢藏汙的髒東西統統吸掃乾淨之意。

捕捉足是螳螂首要清潔的部位，此處是捕食的利器，疏忽不得，如同人類切菜用的菜刀，不能生鏽、有汙穢，否則刀口一旦腐朽變鈍，是無法得心應手的順利切斬食物，骯髒的菜刀所切出來的食物也會令人作噁，因此隨時保持捕捉足的乾淨有其必要性。

■ 口器清潔足部過程（台灣樹皮螳螂）

1.休息中的樹皮螳螂。

2.小顎鬚、小唇鬚開始抖動，捕捉足同時舉起。

3.露出黃色的小顎。

4.頭部側仰露出黑色銳利的大顎。

5. 頭部前傾舔洗足部再由小顎清潔。

6. 小顎鬚與小唇鬚夾住跗節。

7. 完畢，口器漸漸恢復原來位置。

捕捉足處理好了，螳螂就會再利用它去刮洗頭部兩側的大複眼以及臉頰汙垢，還會向上高舉將觸角勾下，放到口器前，由鞭節的中央處往末端方向舔洗乾淨，將觸角上的嗅覺器官清潔的乾淨溜溜，這樣一來，不只獵捕的工具，連同看東西的複眼都爲之一亮，加上清潔過的長觸鬚，如此對於感應分辨多樣的事物，都不致受到影響，故捕捉足的乾淨與否，關係到頭部以上部位的整潔。

至於下半身清潔方式，由於從後腳到口器位置有段距離，所以清潔時先頭部慢慢往後轉，腹部微微翹起，接著抬起其中一隻腳，同樣由捕捉足勾住固定，再送往口器從基節往蹠節方向舔洗，接下來的其他部位都是以此形式逐一清理完畢。

■ 使用口器清潔觸角過程（魏氏奇葉螳螂）

1. 休息中的魏氏奇葉螳螂。

2. 使用右邊捕捉足勾下右邊觸角。

3. 由鞭節中央處開始舔洗。

4. 清潔到末端完畢。

身體的清潔，對螳螂或其他昆蟲來說，是再重要不過的事，如果這些器官骯髒，那麼不管是快速疾走、飛簷攀壁或是捕捉小昆蟲、感應事物等行爲都會受到影響，給予自己一個乾淨無塵的身軀，螳螂們早有共識，隨時、隨地、隨機去整理，有了乾淨的利器，時時提高警覺枕戈待命才有效率，否則要安然處在危機四伏的大自然，可說是困難重重啊！

| 足部構造 |

　　昆蟲的腳或稱為足構造，都長在胸部的位置，因此胸部是昆蟲最主要的運動控制處，小小的胸部細分前胸、中胸、後胸等三節，每一個胸節的下方長有一對腳，前胸部位下的腳稱為前腳、位在中胸處的稱為中腳、後胸稱為後腳，加起來共六隻腳，也就是我們常說的昆蟲特徵之一。

　　腳對昆蟲來說，除了是爬行移動外，還有其他功能，不同種類昆蟲的前腳、中腳、後腳依功能與形態皆大異其趣，常見其分類如下：螻蛄前腳短大，且有鋸齒狀的齒列，適用於挖掘地道，所以前腳又有「開掘腳」之稱；蝗蟲、蟋蟀後腳之腿節特別龐大，可以彈跳的更高、更遠，被稱為

清潔腳

攜粉腳

▲蜜蜂的前後腳型態與功能都不同。

「跳躍腳」；蜜蜂前後腳功能不同，後腳有細小的齒狀刺毛，可收集並攜帶花粉，有「攜粉腳」的美稱，前腳可觸及觸角及複眼，達到清潔效果或雙腳合在一起搓洗汙穢，另稱爲「清潔腳」；龍蝨的腳長得很奇特，所以前後腳有二種不同稱呼，後腳寬扁，且長有刷狀長毛，可用來划水游泳，稱爲「游泳腳」，另外雄蟲前腳跗節處具有的吸盤狀構造，交尾時可以吸附或把握雌蟲背面，又被稱爲「把握腳」；虎甲蟲、步行蟲的六隻腳細長，能將身體高高撐起，適合快速步行，稱爲「步行腳」；螳螂、紅娘華、水螳螂的前腳彎曲呈鐮刀狀，是一種可以捕捉獵物的「捕捉足」。

▲後腳的細小齒狀刺毛可收集攜帶花粉。

▲攜粉腳收集了滿滿的花粉，攜帶回巢。

游泳腳

▲龍蝨的後腳有細毛可用來划水。

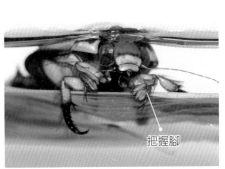

把握腳

▲雄性龍蝨的把握腳另有緊抱雌蟲功能。

▲紅娘華鐮刀狀的前腳。

▲彎曲的功能可以勾捕到獵物。

▲台灣大蝗蟲為台灣產最大的蝗蟲。

▲粗大的腿節一躍可達數十公尺遠。

▲螻蛄前腳較為粗短，呈鋸齒狀。

▲齒列前腳，適用於挖掘地道。

赫赫有名的捕捉足（前肢）是螳螂最顯著的特徵，與細長特化的前胸搭配，讓體長增長了不少，也增加了獵捕的範圍，簡直是最完美的獵殺組合。這令昆蟲聞風喪膽的必殺祕器，主要細分為基節、轉節、腿節、脛節、蝕節、前蝕節等六大部分。

基節：螳螂的基節呈長條狀，與他種昆蟲的短小形態明顯不同，連接著身體（胸部），有扭動旋轉之功能。

轉節：大多細小，控制上下活動。

腿節：是各節中較為強壯發達的一節，向外有數隻較大的銳利尖刺，稱為「外列刺」，向內還有為數不少的小尖刺稱為「內列刺」，在外列刺與內列刺包圍下，中間微微凹

陷，形成一條凹溝，此處正是獵物被夾擊斷魂之處。

脛節：較腿節細瘦，內外兩側排列有緊密大小不一的鋸齒尖刺，此構造可以上下彎曲，一旦跟腿節接合形成一個勾抓的動作，可將獵物夾於其中。

蝕節：連接脛節處稱第一蝕節、以此類推共分為五個小節，第一蝕節如棍棒狀細長，二～五節短小，內面像似人類的腳底掌，將蝕節放到顯微鏡下觀察，可以看到有「Y」字般的肉墊狀「褥盤」，此部位特殊的地方在於方便螳螂攀爬時，可以緊緊吸附在物體固著之用。

前蝕節：是捕捉足的最末端，呈現爪

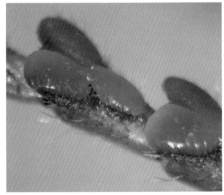

▲捕捉足蝕節「Y」字般的肉墊狀構造稱「褥盤」。

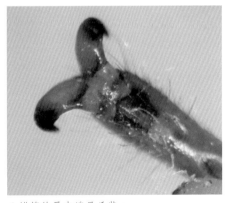

▲蝕節的最末端呈爪狀。

狀，因此整個捕捉足的前半節有尖刺利器可以捕捉小昆蟲，後半節有褥盤與鉤狀小爪，可讓螳螂附著於物體與行走垂直或光滑平面之上，平時捕捉足六節收起，合放在前胸的下方，靜靜等待出擊機會，時機出現即會以迅雷不及掩耳速度伸出捕捉足獵捕，將獵物夾擊於上方的脛節與下方腿節凹溝之內，使獵物無法掙脫。

■ 捕捉足各部位名稱（正面）

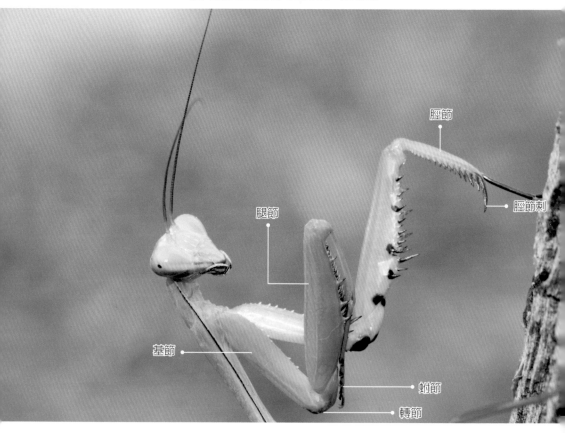

脛節

脛節刺

腿節

基節

跗節

轉節

■ 捕捉足各部位名稱（腹面）

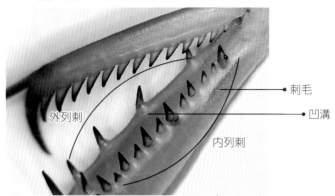

外列刺

內列刺

刺毛

凹溝

▲魏氏奇葉螳利用捕捉足捕捉蟋蟀獵物。

面對完美特化的專有構造，螳螂自然呵護倍至，絕不容許捕捉足受到任何傷害或汙染，因此只要沾黏到些許汙穢物，螳螂就會立刻用口器清潔乾淨，讓這捕蟲神器時時刻刻保持在最佳的巔峰狀態，除了捕捉獵物外，在腿節內列刺前端的內側邊緣，還有一團肉眼不太能夠見著的刺毛，此構造有特殊的清潔功用，專清複眼、前額、臉頰、頭盾等部位，因這些地方大顎清理不到，所以螳螂唯有舉起腿節，利用刺毛將頭上的所有部位逐一刮洗清理。

1. 先用大顎清潔腿節上刺毛。

2. 再用乾淨的腿節上刺毛刮洗複眼。

3. 最後以刺毛清潔頭盾。

三 生活史

多數人對於螳螂，除了牠那特殊的捕食行為外，其鮮為人知的成長歷程是感興趣的。原因是這些被稱為「變態」的昆蟲，從出生後外形與習性不斷蛻變，造成前後模樣大相逕庭的改變，吸引了無數人的好奇。在台灣超過 200,000 種以上的昆蟲類別，依形態長相、成長變化、種類不一或者棲息環境等不同差異，大致分為「無變態」、「不完全變態」、「完全變態」。

| 無變態 |

無變態昆蟲的成長過程中，除了體型變大之外，其他部位似乎沒有顯著的改變。最常見的例子有書櫃中以書報為食或躲藏於紙箱夾縫中的「衣魚」。衣魚在成長過程中，即使脫去數次外皮，幼蟲與成蟲仍是一個樣，在模樣沒有太大改變情況下，讓人誤以為牠還處於年幼的階段；常見的彈尾目之跳蟲、雙尾目的雙尾蟲都屬於無變態昆蟲。

◀躲藏於紙箱中的「衣魚」。

▶衣魚是種無翅膀的昆蟲。

| 完全變態 |

完全變態類在昆蟲中，數量算是較大宗，其生活史分為卵期→幼蟲期→蛹期→成蟲期等四階段，完全變態昆蟲最大的特色，就是每個階段的形態、成長方式、生活環境，甚至食物來源、攝食構造等都幾乎不同，尤其第三階段蛹的形式，化蛹前後模樣改變非常大。例如常見的蝴蝶，在化成蛹前大家都叫牠毛毛蟲，蛻變為蛹後又細分為兩種。

第一種稱為帶蛹，此類蝴蝶幼蟲發育至終齡階段末期，會依自己體長大小，丈量出適當的距離，先從嘴裡不斷吐出絲線，腹部末端的腹足會

■ 斑鳳蝶完全變態過程

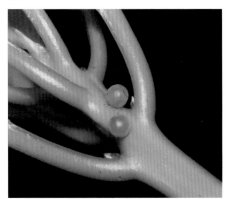

1. 產在嫩枝上的綠色卵。

2. 幼蟲體表有肉質棘突。

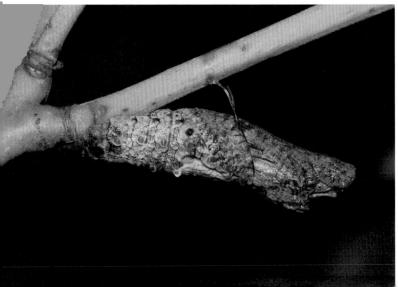

3. 像枯枝的帶蛹。

把這些絲線刮取集中，形成一個絲團般的絲座，再利用腹部末端的臀鉤勾住，形成一個固定點，支撐住下半身身體；接著在胸節處的兩側位置另找出可以支撐身體的固定點，準備進行第二個固定點，由左至右吐出一條細線，再從右至左吐出一條細線回來，反覆動作數十次，產生數十條重疊絲線，而形成了一綑粗大紮實的絲線，最後將此絲線固定於胸部、腹部之間，以支持上半身的身體，此種「頭上尾下」斜體的固定姿勢，稱為「帶蛹」。

4. 吸食櫻花花蜜。（完全變態的斑鳳蝶）

另一種蝴蝶的蛹形態固定方式簡單許多，幼蟲雖然同樣吐出一團由絲線形成的絲座，但利用腹部最末端的臀鉤固定後，卻直接把身體垂降而下呈現「頭下尾上」的姿態，而稱為「垂蛹」或「吊蛹」。

1. 半透明蒙古包狀卵。

■ 黃領蛺蝶完全變態過程

2. 綠色的幼蟲。

3. 像小芒果的垂蛹。

4. 完全變態的黃領蛺蝶。

另外大家耳熟能詳的蛾類幼蟲，牠的化蛹生態與蝴蝶的固定方式完全不同，因為蛾類化蛹前，會吐出大量的絲線將自己包裹起來，形成繭狀的蛹室，蛾類幼蟲就會在這安全的蛹室內等待蛻變，蠶寶寶就是此種化蛹方式。因此不管是蝴蝶還是蛾類，牠們的卵、幼蟲、蛹、成蟲四階段長相完全不同，這正是完全變態昆蟲的特點。

■ 黃豹天蠶蛾完全變態過程

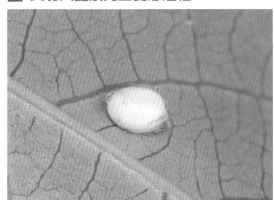

1. 橢圓形白色卵。

2. 土黃色的幼蟲。

3. 蠶繭內有黃褐色蛹體。

4. 完全變態的黃豹天蠶蛾。

■ 兩點翅鍬形蟲完全變態過程

1. 黃褐色卵。

2. 以枯木為食的幼蟲。

3. 有成蟲雛形的蛹體。

4. 完全變態的兩點翅鍬形蟲。

■ 星天牛完全變態過程

1. 產在樹縫內的白色卵。

2. 幼蟲以樹幹為食。

3. 有長觸角的蛹體。

4. 完全變態的星天牛。

｜不完全變態｜

　　不完全變態昆蟲生活史分為卵→若蟲→成蟲等三階段，不完全變態昆蟲最大的特色，在於若蟲與成蟲長得十分相似，除了體型由小變大，及翅膀的有無差別作為分辨特徵，依「生活環境型態」的不同，又細分為「半變態」與「漸進變態」兩種。

　　這兩種型態的昆蟲十分容易分辨，像是常見的蜻蜓、豆娘等水生昆蟲就屬於「半變態」，因牠們的幼蟲階段多半生活在水中，所以此階段又被稱為「稚蟲」，或稱為「水蠆」。蛻變成蟲後，形態除了與稚蟲的模樣完全不同之外，還會離開稚蟲生活的水中環境到陸地上生活，直到產卵時再將卵產回水裡，這是半變態生長特色；而「漸近變態」是不完全變態族群中較大的一群，若蟲在胸部的體背長有翅芽，隨著體型成長，翅芽也會越來越大，最後蛻變成一對會飛行的翅膀，其他特徵外觀相似、食性連生活環境也無明顯變化，故這類幼蟲被稱為「若蟲」。像是校園內常見的螳螂、蝗蟲、蟋蟀、螽蟴、椿象、竹節蟲都是不完全變態的昆蟲代表。

■ 螳螂不完全變態過程

▲寬腹螳螂螵蛸（螵蛸內有螳螂卵）

▲交配中的寬腹螳螂

產卵

尋找配偶

卵

成蟲

▲有翅膀的成蟲

展翅中

蛻皮羽化

▶羽化中的成蟲

孵化

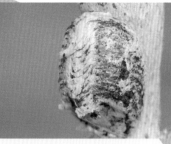

▲ 從螵蛸內鑽出的前若蟲

離開螵蛸

若蟲

若蟲脫皮

▲ 一齡若蟲

脫皮成長

▲ 終齡若蟲有明顯的翅芽

▲ 脫皮中的若蟲

另外值得一提的是漸進變態類昆蟲，多半以植物葉片或是吸食根、莖、果實的汁液為主，所以這些昆蟲被歸類為素食性昆蟲，而螳螂是多數裡的例外，為純肉食性昆蟲，與他種昆蟲的食性明顯不同，因此螳螂演化出一套屬於自己的生存策略。

單純以食性的觀點模式來比較，漸進變態對螳螂而言，有分散競爭食物的優點，小螳螂雖然一出生就開始食肉，但因身上捕食的工具，即捕捉足實在太小了，所以只能獵捕果蠅、蚜蟲、彈尾蟲、蚊子等小型活體昆蟲，遇到比自己體型稍大的昆蟲，還會被嚇到拔腿落跑，要一直等到蛻皮體型長大了，獵物的對象才換成像是蟑螂、蟋蟀、蝴蝶、蛾類、蜜蜂等大體型的食物，再加上擁有翅膀後，遷移的能力遠大於小螳螂，這使得在不同成長階段、或棲息在不同環境中的螳螂，食物的種類與來源被分散，如此可避免日後同類間互搶競爭，可見得在面對大自然不可預知的生存競爭，漸進變態的螳螂已經掌握了絕佳的優勢地位。

■ 台灣大螳蟲不完全變態過程

1. 卵泡內有數十粒卵。

2. 有翅芽無翅膀的若蟲。

3. 不完全變態的台灣大螳蟲。

■ 台灣騷螽不完全變態過程

1. 產在沙土的卵。　　　　2. 終齡若蟲有明顯翅芽。　　　3. 不完全變態的台灣騷螽。

■ 細剪螽不完全變態過程

1. 橙黃色條狀的卵。　　　　2. 翅芽服貼在腹部體背上。

3. 不完全變態的細剪螽。

■ 眉紋蟋蟀不完全變態過程

1. 半透明的卵。

2. 剛脫完皮的若蟲。

3. 不完全變態的眉紋蟋蟀。

■ 眛影細蟌半變態過程

1. 產卵中的眛影細蟌。

2. 葉背下的刮痕內有眛影細蟌卵粒。

3. 生活在水中的稚蟲。

4. 離開水裡爬到岸上羽化的昧影細螅。

常見昆蟲生活史類型

無變態	完全變態	不完全變態
衣魚	蝴蝶	螳螂
跳蟲	蛾類	蟋蟀
雙尾蟲	瓢蟲	蝗蟲
	天牛	椿象
	金龜子	竹節蟲
	鍬形蟲	螽斯
	象鼻蟲	蟑螂
	螢火蟲	蜻蜓
	蜜蜂	豆娘
	蚊子	紅娘華
	蒼蠅	水黽
	螞蟻	蟬

翅膀的蛻變

螳螂的羽化相當少見,曾有人形容螳螂的羽化蛻變,如同鐵樹開花般那麼稀奇,或許是因為牠天生完美的保護色,讓人不易在自然環境裡察覺,常常錯過了精彩的過程。

螳螂翅膀的長成時間,有一定的關鍵時段,錯過了關鍵期是會造成螳螂身心重大傷殘。此重要階段,終齡幼螳在蛻下舊皮後,會立刻調頭轉向,讓身體呈頭上尾下的直立姿勢,受重力吸引與循環系統引導,全身的血液由上往下快速流竄,灌入皺褶扭曲的翅脈之內,原本小、軟、皺的翅膀,在最短時間內撐開、變長,如同魔法般變出了四片翅膀。

「蛻下舊皮」過程中,還在硬化成熟的柔軟身體若無法獲得足夠體液,一旦全身變硬後,大部分的體液只回歸心臟與腹腔間,剩餘的少數微量體液已無法再撐開翅膀,最終的結局,將導致螳螂雙翅或身體呈現捲縮變形,影響之大無法想像,這算是一種羽化失敗的蛻變!

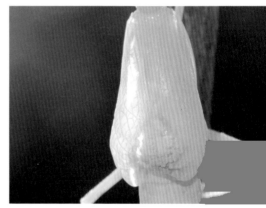

▲烈陽下,脫完皮展開半透明翅膀的寬腹螳螂,宛如盛開中的美麗花朵。

螳螂的翅膀位於中胸與後胸上,屬於折合式的翅膀,有前翅與後翅之分。前翅又稱為上翅或外翅,翅面外形上有粗糙的翅脈紋路,是一層不透明的狹長革質狀,且可隔絕外來雨水或雜物;後翅又稱下翅、內翅,外觀呈扇形格子透明膜質狀,與上方的前翅微微交叉重疊,整齊摺疊收藏於前翅的下

方，就因一交叉、一摺疊有次序地疊合形成了翅蓋，才能緊緊護住位於下方的腹部器官，除此之外，折合式翅膀還有個優點，就是覆蓋於身體最大面積的腹部之上，不占空間、減少了身體過度暴露的危險；缺點是在起飛時，前翅需向左右兩側上揚打開，下翅才能再向外伸展，接著上下舞動揚長而去，明顯的先開前翅、再開後翅的飛行模式，出現了一、二秒的短暫停頓，時間看似不長，但如果面臨天敵威脅時，極短的時間都可能成為致命關鍵。

1. 若蟲的翅芽原本貼在胸節處。

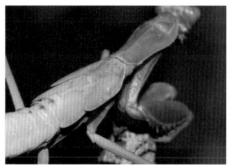

2. 成熟的翅芽變乾且呈現膨脹狀態。

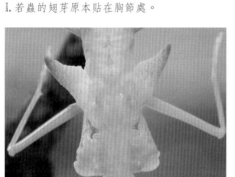

3. 頭下腹上的姿態，讓剛脫完皮皺成一團的前後翅，像似張開翅膀的蝴蝶。

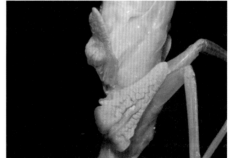

4. 從側面觀察，體液開始灌入翅膀，一開一合動作，宛如揮動的雙翅。

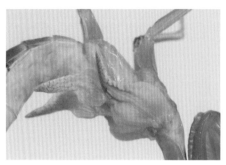

5. 為了加速體液的流動，身體開始翻轉。

6. 180° 大翻轉，呈頭上腹下的展翅姿態。

7. 不到幾分鐘時間，果然見到翅膀逐漸被撐開。

8. 前翅慢慢覆蓋在後翅上方。

9. 翅膀展開，翅面斑點特徵浮現。

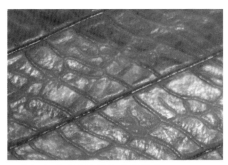
▲前翅表面「不透明」革質網狀。

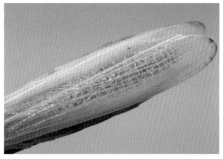
▲後翅表面像網子。

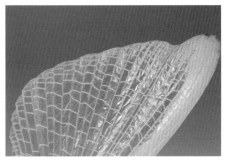
▲展開後網狀呈「透明」格子狀。

▲如果蛻變失敗會造成翅膀變形。

▲扭曲的翅膀已經無法再飛行，僅能靠慢爬移動。

四 求偶與交配

　　戀上昆蟲已有二十個年頭，在追逐昆蟲過程中，最令我印象深刻的是昆蟲的繁殖方式，像是蝴蝶的求偶方式最迷人，美麗的雌雄個體會在空中跳起浪漫舞姿相互吸引；小個子的瓢蟲最魯莽，遇到心儀對象，不等對方答應，立刻飛奔過去，一把抱住雌蟲接著一陣劇烈扭動，模樣非常逗趣可愛；蜻蜓交配很霸氣，雄蜻挾住雌蜓占為己有，甚至守護雌蜻蜓到溪邊產卵，這溫柔般的守候，讓其他雄蜻毫無一親芳澤的機會；天牛交配最不安份，體型大的雌天牛會背著雄天牛四處走動，有時還會背著雄天牛就產起卵來；蜜蜂（蜂王）最幸福，在數千雄蜂圍繞追求下，只有少數成為幸運兒，獲得蜂王的欽點；螢火蟲最浪漫，雄性螢火蟲腹部末端點上二盞螢光，尋尋覓覓的找尋著雌蟲蹤跡；竹節蟲交配最「淡定」，彷彿二節枯枝佇立在樹梢，微風吹來，跟著風吹扭腰擺臀，絲毫不為所動；鍬形蟲最溫馴，雌蟲不吵也不鬧，乖乖的趴在腐土上接受雄蟲的關愛；蟬兒最不會掩飾自己的感情啦，公開拉金嗓示愛，用吵而不雜的專一歌聲吸引雌蟬注意；螽斯則是最辛苦，半夜不睡覺，唱著歌聲，期待雌蟲夜裡摸黑前來；白蟻求偶最壯觀，群蟻低空展翅飛舞，像似開場熱鬧的舞會，各自尋找對眼的配偶。這些各式昆蟲求偶的生殖模式展現，實在讓人大開眼界，不親眼見識，是不能體會造物者的奧妙！

▲豆娘交配姿勢，有個心型愛的誓言。

▲雄性台灣窗螢摸黑悄悄地爬到體型大一倍的雌蟲身上準備交配。

▲雄雌蟬聽到雄蟬的呼喚展翅而來，隨後呈一字形交配姿勢。

▲二隻台灣皮竹節蟲搶著跟雌蟲交配，形成二雄一雌疊在一起的有趣畫面。

▲體型較大的蜂王，可跟多隻雄蜂交配。

能夠遇到傳說中的螳螂交配或求偶行為是件多麼不容易及幸運的事啊！原因是在自然環境下螳螂們利用上天所賦予的保護色彩，與大地連成一體，讓人不易發現與親近，同時身上的彩衣也為牠們自己爭得免於常被天敵騷擾或獵捕的機會。

曾經在掉滿乾枯竹葉堆的步道上發現了二隻台灣大刀螳螂，見牠們一前一後靜靜地佇立在那，推測應該是一對雌雄螳螂，於是放慢步伐走近端詳拍照，才發現雄螳螂並非在那靜止不動，而是正擺動著細長的腹部，

一會兒往左、一會往右，來回地扭動，不久見扭動的幅度與力道逐漸越來越大，有時還微微地揚起雙翅，這才驚覺原來眼前螳螂大跳的舞蹈，正是一支前所未見的求偶舞。

螳螂交配前真的會跳「求偶舞」，這支來自雄螳螂的獨創扭腰擺尾舞，能否成功吸引對方，全看雌螳螂的喜好。由於雄螳螂的求偶或交配，不能像一般昆蟲那樣，遇到心儀對象就立刻提著槍飛撲過去，牠深知雌螳螂同為食肉的本性，衝動只會誤事，甚至發生無法挽回的悲劇，事前的擺動腹部，可測試雌螳螂的反應，如果雌螳螂不斷回頭怒目相視，代表此刻不宜交配，雄螳螂可能就會怯步暫停前進；如果成功吸引了雌螳螂，且靜靜地在那等待，那麼雄螳螂會慢慢前進，進而交配。由此看來雄螳螂為了傳宗接代可真是煞費苦心啊！

1. 雄螳螂收起胸腳昂頭凝視前方,頭上的二條長觸角上下左右不斷晃動,偵測四周的氣味,而慢慢尾隨雌螳螂。

2. 雌螳螂發現後方有雄螳螂,往左後方瞪視對方。

3. 雌螳螂竟向前彈跳離開,留下一臉錯愕的雄螳螂。

4. 再接再厲的雄螳螂,依然踏出步伐,尾隨在雌螳螂後方。

5. 雌螳螂又回頭瞪視,雄螳螂驚嚇到立刻收起捕捉足。

6. 看雌螳螂沒有反應,雄螳螂索性大步往前走去。

7. 雄螳螂一個飛跳,直接撲向雌螳螂的背上,想不到雌螳螂舉起捕捉足揮舞抗拒。

8 雌雄螳螂重心不穩雙雙墜
落地面。

雄螳螂　雌螳螂

9. 雌螳螂將雄螳螂強壓在下
方，兩者都不敢亂動。

10. 最後，雄螳螂不再緊迫跟
隨，而是放低姿勢，身軀幾
乎平趴於樹枝上，緩慢向前
爬。

11. 此行為或許降低了雌螳螂
的敵意，同時也減少了被攻
擊的風險，因此再抖動觸角，
試探性的觸碰雌螳螂。

12. 感受到雌螳螂沒拒絕，接
著就爬上雌螳螂腹背上。

13. 雄螳螂很快把身體滑向另
一側，用腹部去鉤住雌螳螂
腹部。

14. 最後雌雄螳螂腹部接合，
終於達成傳宗接代的目的。

■ 台灣大刀螳螂求偶交配過程觀察

1. 停在枯葉堆上的一對台灣大刀螳螂。

2. 後方雄螳螂擺動腹部吸引前方雌螳螂注意。

3. 雌螳螂前進離開時，雄螳螂尾隨跟進，竟飛跳撲向雌螳螂。

4. 雄螳螂竟飛過頭，又怕被雌螳螂捕食，因此快用右邊的中腳，緊緊扣住雌螳螂捕捉足。

5. 雄螳螂驚覺位置不對，快速轉身尋找最佳位置。

6. 轉身後與雌螳螂身體重疊，並用前肢勾住靠在雌螳螂胸背處。

7. 雌雄螳螂生殖器接合，開始進行交配。

8. 交配結束，雌螳螂腹部末端出現一團白色物質。

9. 近看原來是雄螳螂的精包，封住了整個雌螳螂的生殖孔。

五 產卵與孵化

| 產卵 |

　　螳螂產卵時，上半部頭胸幾乎不動，下半身從腹部的尾端像畫圓一般來回不斷地噴出白色卵泡，利用泡沫隔出一層層巢室，每隔一層立刻產出一層卵粒，並在巢室四周塗抹大量具黏性的泡沫，將卵粒團團包圍，這樣精彩的畫面，在微距鏡頭的螢幕上，就看得見整個放大的影像，在牠那白裡透黃細緻的紋理外表下，依稀可以望見內部隱約有橙黃色顆粒狀的卵粒，真是耀眼奪目極了。不久，雌螳螂的畫圈動作開始放慢了速度，抹上最外圍的一層泡沫後就隨即停止動作，也正式宣告產卵過程大功告成，這就是我們俗稱的「螵蛸」。

　　在一次觀察台灣大刀螳螂產卵過程中，初估到動作停止，大約經過了將近四個小時時間，如果把前半段產卵的時間算進去，台灣大刀螳螂產下一個螵蛸的時間，至少要花費七～八小時，相當的耗時費體力，不得不佩服雌螳螂的辛苦與偉大。

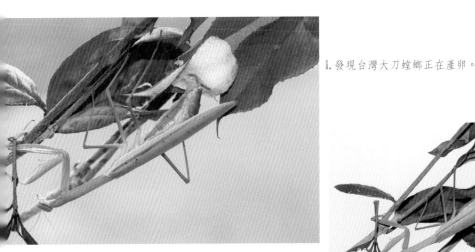

1. 發現台灣大刀螳螂正在產卵。

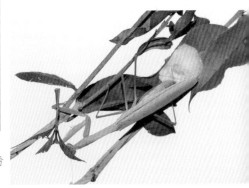

2. 由下往上看，隱約看到許多橙黃色的卵粒。

3.雌螳螂把卵粒有順序的產下。

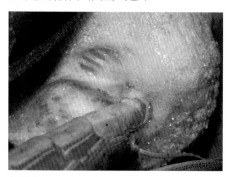

4.腹部呈S形滑動排出泡泡。

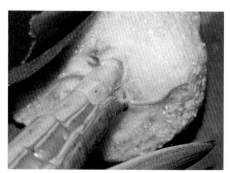

5.泡泡覆蓋整排卵。

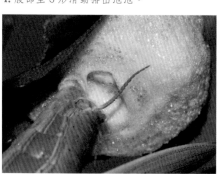

6.接著把泡泡抹平再隔出一間卵室。

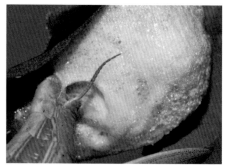

7.在新卵室內又開始產卵。

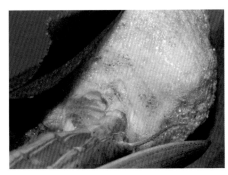

8.再利用泡泡覆蓋卵粒。

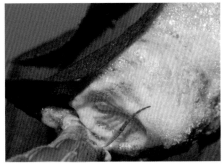

9.重複在新卵室內產卵。

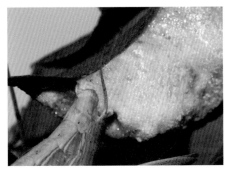

10.最後進行覆蓋卵粒。

11.不斷重複產卵、覆蓋終於完成一個螵蛸。

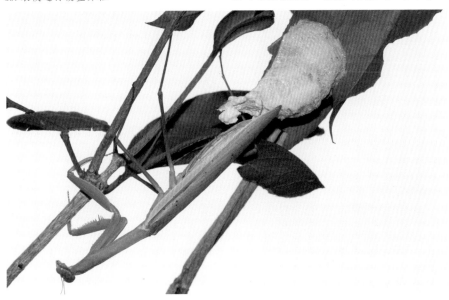

12.產完卵，在螵蛸旁休息的台灣大刀螳螂。

螵蛸的 X 光照初體驗

自從陸續看到台灣大刀螳螂、棕汙斑螳螂、台灣花螳螂、寬腹螳螂等產卵過程後，對於螵蛸的內部是越來越好奇，在多樣不同外貌下的螵蛸，到底藏有何種祕密？例如螵蛸裡面有幾顆卵？是不是每一顆螵蛸都可以孵化出百隻以上的小螳螂？卵粒是什麼樣的顏色？可不可以把螵蛸打開，打開後的螵蛸會不會影響孵化？不同種類螵蛸的模樣是不是都一樣？螵蛸到底有什麼功能？

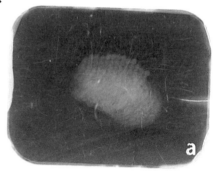

▲在 X 光下可清晰看到一粒粒台灣大刀螳螂螵蛸的卵。

▲ X 光照下的寬腹螵蛸，隱約可以看到堆疊在一起的卵。

為了探查螵蛸內部的祕密，又不用破壞螵蛸，X 光照是我第一個想到的方法。將螵蛸放好就定位置後，我們從電腦檢視拍下的成果，仔細觀察左邊的第一個順位是還沒有孵化的螵蛸，將圖檔點選放大後，隱約可以看到螵蛸內部分為左、中、右三區，每個區域的卵粒確實是整整齊齊的排列在一起，這證明雌螳螂在產卵同時，其規律畫圓的動作，不僅僅只是噴出泡沫，更是將每一個後代子孫整齊排列好，避免未來孵化時子孫沒有秩序、爭先恐後的搶著出生。至於靠中央及右邊則是已經孵化的螵蛸，在 X 光片內，並沒有特別的特徵顯

示，因為螵蛸內已經沒有任何有生命的東西在裡面，留下的只是一個中空的螵蛸殼而已。

　　因此，在野外若要分辨螵蛸孵化與否，可先將螵蛸放在手心惦惦其重量，若感覺輕飄飄的，那代表可能只剩下空殼。另外，若是仔細端詳外觀，在螵蛸泡沫狀膠質的中央處，呈現無縫隙、無孔洞，即表示這是健康未孵化的螵蛸，若中央處的外觀有些微縫隙或寬扁小洞，那可能是小螳螂鑽出後留下的痕跡。

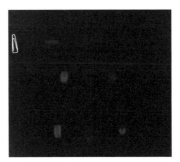

▲結果尚未孵化的螵蛸明顯有卵粒在其中。

▲尚未孵化的台灣大刀螳螂螵蛸表面只有泡泡狀。

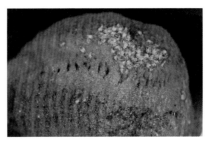

▲已經孵化的螵蛸在其中央處，有一列清楚寬扁的小孔洞，是小螳螂鑽出的痕跡。

▲準備好三種不同的螵蛸。

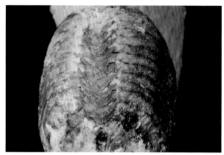

▲尚未孵化的寬腹螳螂螵蛸,中央處被鋪上白色泡沫膠質予以保護內部卵粒。

▲孵化後的螵蛸中央處,左右兩側有被小螳螂鑽出的微小孔洞痕跡。

總統套房

　　不同物種,其螵蛸體型、巢室都不一樣,體型越大的螳種螵蛸就越大,以台灣大刀螳螂螵蛸中央的巢室為例,一間巢室大約有 18 ～ 22 粒的卵,而螵蛸約有 15 ～ 20 間巢室,所以一顆螵蛸約有 270 ～ 440 以上的卵粒,當然這也只是個約略值,因為螵蛸的前端與末端泡沫膠質較多,裡面的巢室內只能容納幾顆甚至是沒有半個卵粒,但無論如何,台灣大刀螳螂的螵蛸至少有百顆以上卵,這是毋庸置疑的。至於體型較小的台灣姬螳螂,其螵蛸大約 1.5 ～ 1.8 公分大,約有 7 ～ 9 個巢室,一間巢室只能擺放 2 個卵,因此從螵蛸的大小,我們就可以判定裡面卵粒的多寡。

▲螵蛸正面看去有許多的洞洞,一個洞一顆卵整齊排放在裡面。

▲由側面觀察,看到螵蛸好像被木板隔出一間間的小套房。

螵蛸裡的祕密

　　一睹螳螂螵蛸內卵粒的廬山
真面目後，赫然發現那些被打開的
螵蛸，卵粒竟然由飽滿變成萎縮。
其實卵粒外層的泡沫由軟變硬，就
具有了保護功能，每一個卵粒都緊
密貼合附在巢室內，牽一髮而動全
身，因此螵蛸被外力打破時，附著
在泡沫上的卵殼已經連同被撕裂。

▲綠色的台灣姬螳螂螵蛸卵粒。

▲打開台灣大刀螳螂螵蛸，內部卵粒變乾扁。

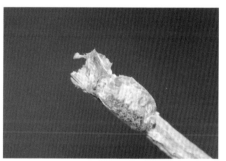

▲卵乾扁造成死亡。

▲打開寬腹螳螂螵蛸，卵粒同樣變乾扁。

▲看到白色的「胚蔽膜」出現，代表未
被打開的部分，已經有小螳螂順利孵化。

由於螵蛸成熟前有軟、硬差別之分，螳螂媽媽產卵時所排出大量具有黏性的泡沫，不單只是簡單的將卵層層包裹而已，這些泡沫一旦接觸到空氣後，會加速由軟變硬，讓卵粒、巢室與泡沫緊密接合融為一體，替卵粒形成了一道強大的防護罩。因此若要進行螵蛸內部觀察，我認為在雌螳螂生產時，趁螵蛸尚未硬化是最好時機。

為了驗證推論，我又著手了第二個實驗觀察，選在寬腹螳螂媽媽產卵時，當牠產卵動作一停止，我立刻用水彩筆輕碰螳螂媽媽，欲使牠往前走到前方休息，並依原本的想法用水彩筆在螵蛸的最末端（最後產下的泡沫部位，比較柔軟）開始往左右兩側輕輕剝開，接著亮麗橙黃的卵粒完整裸露在眼前，過了二小時後膠質泡沫同樣變

■ 寬腹螳螂螵蛸內部卵的觀察

1. 產卵中的寬腹螳螂。

2. 剛產下的螵蛸白裡帶點橄欖綠。

3. 撥開外層泡沫，內部有橙黃色卵粒。

4. 二天後卵外的泡沫膠質變成黃褐色。

硬了，但慶幸的是卵沒有乾扁，三天後再觀察，發現原本呈長條橢圓狀的橙黃色卵顏色逐漸變深，外層雪白泡沫的螵蛸也轉為褐色，赤裸裸的呈現出一顆成熟的螵蛸。到了第二十八天，裸露部分的卵已由暗橙色漸漸轉淡，而在較膨大那端的卵浮現出暗紅色小點，這就是幼螳頭上複眼的所在位置，仔細觀察還可以隱約窺視到整個幼螳的身影，這代表著這段時間幼螳已經在卵內慢慢成形；到第四十三天沒有裸露的部分已先行孵化出小螳螂，反觀裸露的卵粒，卻毫無動靜，直到第四十七天早上，裸露的卵粒一共孵出十三隻健康的小螳螂，僅留下半透明狀的卵殼附著在螵蛸之上。

5. 三十二天後卵由橙黃色變成淡黃色。

6 四十六天後卵變綠色，隱約看到卵內的小螳螂。

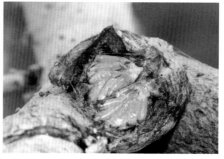

7. 第四十七天卵孵化出綠色小螳螂。

8. 最後留下半透明的卵殼。

■ 棕汙斑螳螂螵蛸內部卵的觀察

1. 另一種剛產下的棕汙斑螳螂螵蛸。

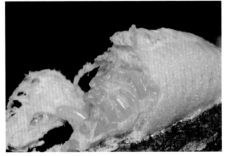

2. 刷開泡沫膠質，露出橙黃色卵粒。

3. 二十天後看到卵粒上小螳螂的複眼。

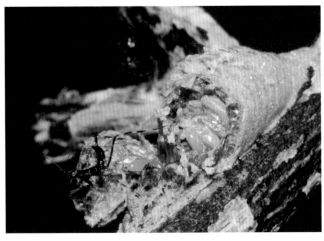

4. 第三十四天孵化出棕汙斑小螳螂。

| 孵化 |

　　由於螳螂的卵被泡沫膠質層層覆蓋，讓人無法從外觀看到牠的變化，以至於我們很難從外表看到即將孵化的特徵，牠不像蝴蝶的卵，孵化前卵色會變深變黑，可以看到卵內發育的頭部；也不像金龜子的卵，成熟後可看到卵內細小的大顎等有跡可循的特徵，不過所有看到螳螂孵化過程的人，都會對其特殊的誕生策略讚嘆不已。

▲成熟的金龜子卵，可以看到卵裡面銳利的大顎。（青銅金龜）

▲小幼蟲利用大顎咬破卵殼，成功孵化。

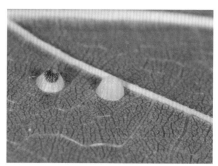

▲成熟的蝴蝶卵粒，卵的頂端可以看到幼蟲的頭部。（黃領蛺蝶）

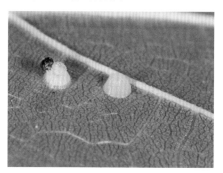

▲孵化時小幼蟲會咬破卵殼鑽出。

　　螳螂孵化的策略是什麼？到底是何構造，能夠打開那堅韌無比的螵蛸？原來在成熟卵的頭最前端，發育出一個堅硬稱為「脊頸囊」的特殊構造，當小螳螂要孵化時，身體呈現上下擺動蠕動時，脊頸囊即會產生一股強大的衝撞力道，猛往螵蛸外面方向鑽刺，穿破螵蛸而往下垂吊。很多人都以為從螵蛸鑽出來的是小螳螂，其實那是個錯誤的知識，因為仔細去觀察，從螵蛸出來的模樣，根本沒有螳螂頭胸腹、沒有六隻腳的特徵，一副卵不像卵、螳螂不像螳螂的模樣，外型奇特的牠不是小螳螂，而有一個

「前若蟲」的專有名稱。「前若蟲」的樣子是介於卵與一齡若蟲之間,全身還被一層薄薄的「胚蔽膜」或稱「前若蟲膜」的薄膜包覆,小螳螂被包覆其中接受著保護,就在鑽出螵蛸的同時,垂降的拉力,在最短時間內把胚蔽膜拉到腹部的最末端,才蛻變為有六隻腳的螳螂模樣。

其實前若蟲脫掉薄膜(胚蔽膜)的方式非常有趣,有人形容像在玩高空彈跳的極限運動,而前若蟲跳出螵蛸的剎那很像此運動,因為牠沒有摔落地面,反而是被一條絲線緊緊勾住最末端的腹部,身體因而被牢牢的懸盪在半空中,加上受到地心引力下墜重力及風力的影響,一上一下、一拉一扯,前若蟲身體立刻彎曲扭動,連帶旋轉擺動,形成原地轉圈的姿態,這樣的姿勢宛如前若蟲在高空中跳著浪漫動人芭蕾舞蹈,而轉圈扭動所形成的一股拉力,正加速了前若蟲身上薄膜的脫落,當薄膜脫至腹部最末端時,旋轉慢慢停止了,小螳螂的六隻腳已經完整呈現,直到身體能夠自由

■ 寬腹螳螂螵蛸孵化過程觀察

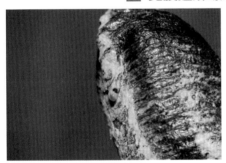

1. 利用脊頸囊鑽出螵蛸的前若蟲。

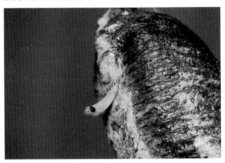

2. 前若蟲快速從螵蛸內滑出。

3. 腹部末端勾住絲線。

4. 垂降而下的身體開始上下旋轉扭動。

伸展收縮，一個轉身抓住原本垂吊的絲線，即沿著絲線往上攀爬，又回到原來的螵蛸或樹枝之上，待休息過後即活蹦亂跳的離開居住已久的出生地，如果當時風力過強，小螳螂可能因還站不穩固而被吹落地面，同樣可以順利的離開，最後留下一隻隻脫落下來的薄膜舊皮。

以上談及的螳螂孵化，僅是單單一隻前若蟲脫下薄膜的觀察過程，但螳螂螵蛸這個精彩的孵化脫衣秀，不只如此而已，住在螵蛸內的數十隻、百隻小螳螂們，像似約好一同出來看外面的世界，那種如雨後春筍般從螵蛸內冒出的畫面，壯觀極了。其實螳螂孵化的過程，每隻螳螂都在跟時間賽跑，若沒有即時脫下薄膜，柔軟的身體一旦跟薄膜黏附，待身體硬化後，薄膜卡在身體上，造成六隻腳或身體其他部位無法伸展、行走、覓食，形成了殘廢軀體，最終會讓小生命很快地走向終點。

5. 劇烈的扭動，「胚蔽膜」蛻到腹部最末端。

6. 露出六隻腳呈現螳螂形態。

7. 完整蛻變成一隻小螳螂後，另一隻前若蟲又從上降下。

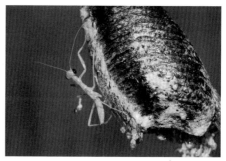

8. 爬上螵蛸休息，孵化成功的小螳螂。

9. 冒出螵蛸的七隻前若蟲。

10. 每隻都往螵蛸外面躍下。

11. 微風吹來前若蟲隨風擺動。

15. 孵化成功的小螳螂，開始往上攀爬離開。

16. 小螳螂漸漸散離的同時，仍有不少前若蟲孵化。

17. 螵蛸上留下近百條的白色絲線，緊緊繫住百隻前若蟲，成了能否蛻去胚蔽膜的重要構造。

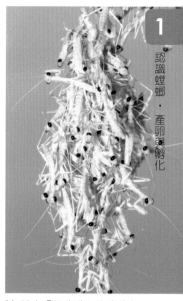

12. 靠著細絲垂降的前若蟲，像垂降救助的搜救人員。

13. 數十隻前若蟲正蛻去身上的「胚蔽膜」。

14. 蛻去「胚蔽膜」的前若蟲，成為了小螳螂。

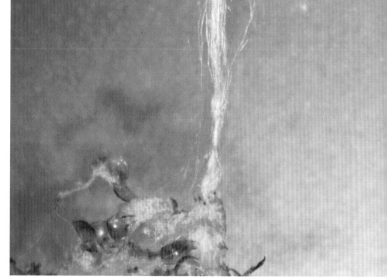

18. 經風吹導致絲線旋轉纏繞，細小絲線竟捲成一細粗大支撐線。

蛻皮過程

昆蟲是種無脊椎動物，在昆蟲身體上有個特殊另類的骨骼，此構造和人類最大差別是長在昆蟲身體的外面，有「外骨骼」之稱，而外骨骼的最外層有一層表皮所覆蓋，只是這層外表皮除了脫完皮初期有較佳的延展性之外，其他時候已經沒有太大的延展性，為了因應

幼蟲期的成長與發育，昆蟲體內演化出獨特成長蛻變方式，即是幼蟲的外皮可以隨著體型增長而脫換，而這汰舊皮換新皮的過程稱為「蛻皮或脫皮」。

螳螂的蛻皮成長，是個重要的生理改變，涉及到複雜激素分泌與神經系統間的協調，兩者相互調控的結果下，身體、生理達到平衡並順利完成蛻變。螳螂年幼階段的

■ 台灣寬腹螳螂蛻皮過程觀察

1. 靜止不動、身體呈半圓。

2. 開始蛻皮時腹部上揚身體出現前後蠕動。

3. 頭胸部下降，舊皮從胸部背板裂開。

4. 露出新的頭部。

成長過程，體型與其他昆蟲一樣，受到表皮大小的限制，所以無法一次就從若蟲（幼螳）長到成蟲（螳螂）的成熟階段，因此進行蛻皮換膚勢在必行。

　　詳觀若蟲蛻皮過程，當螳螂不再進食，且為了避免受到外界干擾，會找尋安全的蛻皮地方，風弱、陰涼是一般天敵較少會前往之處，也是躲藏的好地方，螳螂確定地點後，會利用中後胸下方的四隻腳牢牢固定，讓身體呈頭下尾上彎曲不動的姿勢，此姿勢維持一段時間，確定無其他因素擾亂，舊表皮慢慢地鬆弛並出現縫隙，內部真皮形成後，若蟲身體蠕動，會利用腹部收縮的力量，使末端體液流向前方的頭胸部，不久胸部背板中央處先行裂開，身體再往下垂降，最後呈數字「1」的姿勢，而若蟲蠕

5. 露出新腹部與新觸角。

6. 新觸角脫離舊皮。

7. 六隻腳離開舊皮，整個身體懸吊於舊皮之上，以晾乾柔軟的身體。

8. 經過二十分鐘，六隻腳能夠移動伸展。

動動作也越來越快,加速身體與舊外皮分開,當舊皮蛻到腹部末端,蠕動漸漸停止,此時幼螳面臨蛻變的最後二個關鍵時刻,一是新軀體較原來身體大且重,而之前所尋覓的地點就需要能夠承受蛻皮後成長的重量,再來更不容許外力過度的干擾,因為此刻支撐全身力量的來源,全依賴舊皮所抓附樹枝的力量,過大陣風的瞬間,很容易將軀體吹落地面,造成受傷導致蛻皮失敗;二是新個體尚未離開舊皮前,都需停滯一段時間,目的在於讓新的表皮延伸變大,以適應蛻變後體積增長加大的蟲體問題,而且新皮十分柔軟,在身體尚未變硬之前,無法行走,最容易被天敵捕食。

　　觀察螳螂蛻皮過程,明白了蛻皮對昆蟲成長上有其必須性與重要性,尤其在關鍵時刻,若是發生了一點點意外,將影響日後螳螂的生活,最嚴重當然是生命的提前結束。

9. 中腳與後腳再緊抓樹枝。

10. 接著胸部後仰、腹部微彎抬起,一陣劇烈左右扭動。

11. 身體向前傾,身體離開舊皮。

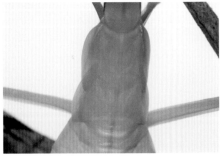

12 脫完皮的小螳螂身體變大,胸部的翅芽也同樣大了許多。

六 羽化成蟲

「羽化」在生物學上是個專業用詞,意指從蛹體或終齡若蟲蛻變為成蟲的過程,這是昆蟲成長變態的最後階段,通常也是形成翅膀之時。

螳螂羽化過程,除了體內無法預知的劇烈變化外,外觀上看得到的形態變化部分,約分為前、中、後三個時期。前期為翅芽發展期:已進入不吃任何食物的階段,翅芽由扁平變結實,顯見於膨脹的感覺;中期蛻皮期:身體開始蠕動,外皮從胸背處裂開,逐漸將舊皮脫下,此期的過程與之前的成長蛻皮模式相似,最後進入展翅的後期,若蟲翅芽的模樣有了重大改變:舊皮脫下產生的新個體很快

轉身,讓原本「頭下尾上」的姿勢,180°轉向變成「頭上尾下」的相反位置,使翅膀呈現下垂姿勢,逐漸展開,因展開翅膀的過程需花上一段時間,所以虛弱的身軀無法防禦外來的侵襲能力,如果干擾真的太大,牠也只能帶著無奈的身軀,搖晃一下,默默被動離開。

擁有翅膀的螳螂,可謂真正的「登大人」了,屬於成蟲階段,羽化之後的脫胎換骨,讓螳螂脫離了只能四腳爬行的方式,可以四處飛行遨遊,翅膀的長成之重要性輔助了覓食、求偶、繁衍、逃避敵人,有著非凡的意義。

▲ 螳螂的羽化是指若蟲　　　　　　　蛻變為成蟲的過程

77

■ 台灣大刀螳螂羽化過程

1. 身體呈倒立姿勢。

2. 翅芽膨脹。

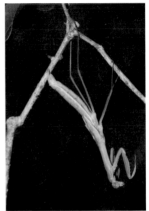

3. 腹部後仰，劇烈蠕動。

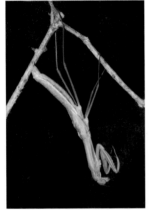

4. 蟲皮從胸部背面裂開。

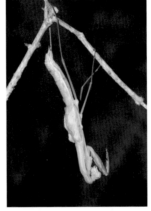

5. 低下頭，蟲皮蛻到翅膀處。

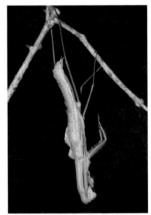

6. 露出新的頭。

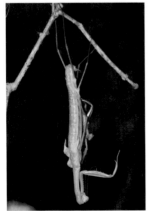

7. 露出捕捉足。

8. 蟲皮蛻到腹部最末端。

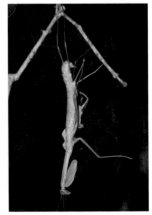

9. 第二對腳開始伸展。

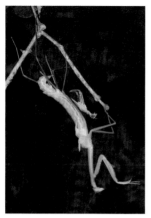

10. 第二對腳抓住前方樹枝。

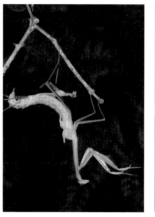

11. 腹部彎曲第三對後腳緊接著也抓住樹枝。

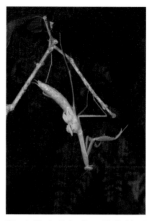

12. 身體左右扭動,甩掉蛻下的蟲皮。

13. 新個體轉身。

14. 停在原點。

15. 後方的翅膀伸展到腹部。

16. 前翅初步伸展完成。

17. 後翅伸展完成。

18. 當前翅覆蓋後翅羽化成功,即蛻變為成蟲。

七 螳螂的天敵

| 捕食性天敵 |

身處爾虞我詐、弱肉強食的大自然裡，舉凡鳥類、蜥蜴、蛇都是螳螂致命的敵人。某次在拍攝校景與昆蟲，無意間看到了攀木蜥蜴與台灣大刀螳螂停在肖楠樹幹上怒目相視、劍拔弩張的模樣。警覺性很高的攀木蜥蜴馬上就發現我這個第三者的闖入，不過見牠老神在在，僅是不疾不徐地挪動了身體，而感受到騷動的螳螂則是準備向前緩緩邁進，沒想就在移動身體的剎那間，攀木蜥蜴竟一個迴轉飛快地發動攻勢，只見螳螂已被含在攀木蜥蜴的嘴巴裡，毫無反擊機會。當螳螂不再有動靜後，攀木蜥蜴叼著螳螂往樹幹上層爬去，在無任何干擾下，慢慢細品享受這頓午後大餐。

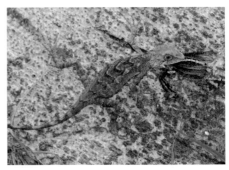

▲ 嘴裡叼著棕汙斑螳螂的攀木蜥蜴。

1. 台灣大刀螳螂的移動，引起攀木蜥蜴的注意。

2. 行動敏捷的攀木蜥蜴立刻咬住台灣大刀螳螂。

3. 叼住台灣大刀螳螂後轉身往樹幹上方移動。

5. 來到安全處又轉身猛咬了螳螂數下。

6. 攀木蜥蜴頭部上仰開始吞食螳螂。

● 蜘蛛捕食螳螂

　　當有八腳獵人之稱的蜘蛛遇上咱們草原一哥螳螂，究竟最後鹿死誰手呢？為一解心中疑惑，我開始四處尋訪山林，找尋蜘蛛、螳螂的蹤跡。某次在新竹的鳳崎落日步道上，發現路旁有隻寬腹小若螳停在馬櫻丹葉片

上休息，此類小螳螂長的很可愛，於是我拿起相機為牠留下張張美照，正當準備起身離開時，發現原本好端端的小螳螂突然在葉片上打滾摔跌，激烈彈跳了數下後竟動也不動的平躺於葉片上面。

▲你看到了嗎？這隻小寬腹螳螂早已經被前方的八爪蜘蛛鎖定。（箭頭所指）

　　憑藉多年的昆蟲觀察經驗，我認為這可能是打鬥或受外力攻擊所致，仔細觀察後發現，日本花蛛（Misumenops japonicus）正是這外力來源，別看牠不會結網、個頭又小，一副好欺侮的模樣，其實牠可是有「狩獵蛛」、「陷狩蛛」等勇猛小獵人之稱呼。

　　日本花蛛頭胸短小呈綠色，遠觀在胸部背甲中央處有一淡黃色隆起「V」字形斑，上有大小不同的黑色八眼，散布在 V 形斑邊；八隻步足也呈綠色，其中第一、二對步足粗大，負責捕抓獵物，第三、四對有爪間毛與步腳毛束，負責行進或休息時穩固平衡身體；腹部淡黃色並呈圓形，整體模樣如同蛛形蟹身，一旦潛藏於葉片花朵上，與環境融為一體後，小昆蟲很難查覺牠的存在，而容易落於日本花蛛的毒爪之中。

▲近看發現日本花蛛已經緊緊咬住了小螳螂的頭。

▲花蛛可以捕食體型比牠大數倍的獵物。

◀毛垛兜跳蛛捕獵到小螳螂。

除花蜘蛛外，結網型蜘蛛所結的網對小昆蟲而言也是個可怕陷阱，任何動物都一樣，若無預警的掉入陷阱中，都會出現本能性的掙脫自救反應，但是蜘蛛網上的橫絲、縱絲特質，讓想逃脫的生物失去了生機，因為越是掙扎黏的越緊，沾黏的面積也會逐漸擴大，即使蜘蛛絲斷了、網破了，獵物仍被緊緊纏繞，這些不規則的擾動頻率，產生了不似微風吹襲的自然飄移訊息，而是獵物上鉤的喜訊，守候多時的蜘蛛，就等此刻；但對獵物來說，觸網是個要命的行為。

人面蜘蛛是台灣中低海拔常見的蜘蛛，3～5公分體型的雌蛛可編

▲雙足被蜘蛛絲纏繞的小螳螂。

▲即使是會飛的成蟲仍然逃不出蜘蛛絲能致死的魔咒。

織號稱全世界最大的蜘蛛網，當螳螂掉入蜘蛛網上時，我看到的是螳螂毫無反擊，連掙扎都出現很吃力的反應。我做了三點推測，第一點是「絲鎖雙足」：螳螂掉落蜘蛛網立刻被橫絲上的黏珠緊緊黏住，全身無法動彈；第二點是蜘蛛的「化屍大法」神功：當有獵物入網，牠會狠狠地朝獵物咬上一口，將毒液迅速注入獵物體內，富含消化酶的毒液很快地隨著血液流竄獵物全身，最後連垂死的掙扎之力都沒有；第三點「絲袋裝屍」細品慢嚐：此點是蜘蛛吐絲、紡絲成袋的過程。所謂的蜘蛛吐絲，其實是從腹部末端的「絲疣」所排出，以人面蜘蛛對液化中的螳螂進行紡絲為例，腹部彎曲噴出絲線，接著由八隻腳輪流接住絲線，並將絲線往螳螂身上不斷纏繞翻轉，形成一個捆綁或包裹型的絲袋，緊緊困住螳螂，最後蜘蛛輕輕鬆鬆的連同絲袋一同吃入肚內。

經過一連串的觀察，如今再有人問我，當八腳獵人蜘蛛遇上草原一哥螳螂究竟鹿死誰手呢？我的答案很明確了——「蜘蛛會贏」，尤其是螳螂掉入蜘蛛結成的陷阱網，更是逃生無門。

■ 人面蜘蛛捕食螳螂過程觀察

螳螂

1. 螳螂掉落到蜘蛛網上。

2. 人面蜘蛛立刻用腳去觸碰螳螂。

3. 使用大顎咬住螳螂捕捉足並注入毒液。

4. 人面蜘蛛退後注視著螳螂反應。

5. 第二次攻擊螳螂腹部。

6.蜘蛛從腹部末端絲疣處拉出絲線。

7.不斷往螳螂身上纏繞。

8.最後螳螂被蜘蛛的絲線包裹在裡面。

9.再將螳螂拉到結網的上方。

10.在安全處開始啃食螳螂。

11.最後螳螂連同絲線一同被吃入肚內。

| 寄生性天敵 |

對昆蟲而言，產卵是件相當神聖重大的事，尤其在雌螳螂產卵的當下，由於沒有多餘心力保護卵的周全，因此需採取因應策略以保護自己與後代。

排出大量泡沫狀膠質把卵粒層層包圍，是螳螂媽媽的策略之一；選擇一個黑摸摸的環境產卵是策略之二；壓縮產卵時間以減少被捕食的機會是策略之三。神奇的泡沫在產完卵的幾分鐘之內，外層那原本柔軟的泡沫在接觸到空氣後，很快地就會凝固硬化並轉為毫不起眼的褐色，融入大自然裡。然而，即使螵蛸是銅牆鐵壁，天敵們仍有法子對付，使螳螂族群與其他生物間歸於平衡，「螳小蜂」正擔任制衡的角色，是螵蛸階段的首要剋星。

有學者提出「共生」現象來解釋螳小蜂的寄生，認為螳小蜂第三對

▲遠看台灣大刀螳螂的螵蛸上有隻中華螳小蜂棲息。

▲近看發現原來這隻中華螳小蜂正在螵蛸上產卵寄生。

▲中華螳小蜂鑽出螵蛸後留下的孔洞。（棕汗斑螳螂螵蛸）

▲千瘡百孔的棕汗斑螳螂螵蛸。

腳上的龐大後腿，能夠緊緊的勾附在螳螂身上，隨著螳螂四處走動，因此一旦等到螳螂產卵，螳小蜂即會從螳螂背部跳下，趁螵蛸尚未硬化變乾前，用產卵管刺穿泡沫膠質，將螳小蜂卵粒產在螳螂的卵旁，達到寄生目的。其實不管是物理原理還是生態行為的現象，螳小蜂產卵這一刺不得了，雖然沒有直接把螵蛸內的螳螂卵粒刺破，卻產下了致命的螳小蜂後代，所以螳小蜂這種靠吸食他種生物而繁衍的模式，是一種對自己本身有利的生存方式，但對螳螂卻是損害其生命，如此一方獲利、一方受害的生存方式，我們稱為「寄生」，因螳小蜂以產卵方式寄生，故又稱為「卵寄生」。

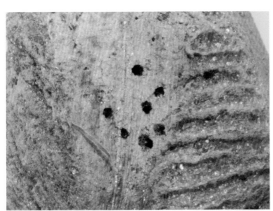

▲被寄生的台灣人刀螳螂螵蛸。

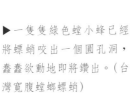

▶一隻隻綠色螳小蜂已經將螵蛸咬出一個圓孔洞，蠢蠢欲動地即將鑽出。（台灣寬腹螳螂螵蛸）

螳小蜂的寄生

螳小蜂體型約 0.4～0.5cm，如此不起眼的身形卻有著動作敏捷、容易躲藏與不易被天敵發現等優點。在雌、雄外觀上，其實兩者之間形態長得差不多，唯一辨識度最高的部位，就是專屬雌蟲擁有的產卵管。每隻雌螳小蜂產卵管的長度大約在 0.5～0.6cm 之間，這樣的長度還比體長多一些些。

▲雌性中華螳小蜂的產卵管，像是一把佩戴於腰間的彎曲軍刀。

螳小蜂的卵、幼蟲、蛹、成蟲等成長過程，每一個階段都是在螵蛸內完成，尤其在幼蟲階段，最主要的食物養分來源就是來自螵蛸內的卵粒，可想而知，當螳小蜂的幼蟲一天天長大同時，也意味著一隻隻小螳螂生命消逝之際，一直要等到螵蛸內部早被咬食的坑坑疤疤，螳小蜂幼蟲體型飽足成熟後，這樣攝食的動作才會停止，接下來螳小蜂幼蟲將轉變成為蛹、再羽化為成蟲。

螳小蜂直至成蟲階段才會離開螵蛸，離開螵蛸的方式是利用銳利的大顎一口一口地向外咬食，咬出一個適合自己身形的圓形隧道，最後從這小圓孔鑽出離去，這就是為何遭到寄生的螵蛸表面會出現千瘡百孔的緣由。

離開螵蛸的螳小蜂因花費了不少時間和力氣，需短暫休生養息才能恢復，所以通常會揚翅或爬走到沒有干擾的地方養精蓄銳，並利用口器將黏附在身上的螵蛸碎屑或其他汙穢一一清潔乾淨。

1.螺蛸表面被螳小蜂咬出一道小破洞。

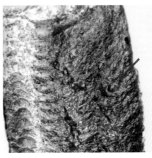
2.洞口越咬越大，直徑約與頭差不多大。

3.頭部與前腳鑽出螺蛸。

4.用腳撐住螺蛸，用力爬出。

5.離開螺蛸，是隻雄性螳小蜂。

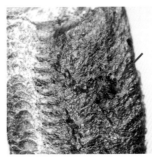
6.附近也有雌性螳小蜂在清潔觸角。

7.翹尾整翅，用腳去刷平翅膀。

8.再將卵管壓下整理。

皮蠹蟲的寄生

由於多次目睹一隻隻螳小蜂從螵蛸內鑽進鑽出，看過螵蛸被千瘡百孔的慘狀，因此有「螳小蜂就是螵蛸最大天敵」的刻版印象。然而，經過多次觀察，我卻發現這些被螳小蜂肆虐過的螵蛸，雖然螵蛸內卵粒存活機率不高，但仍有機會再成功孵化出部分小螳螂來。

在一趟例行性的螳螂調查中，紀錄到幾個模樣不完整的螵蛸，但其中卻有一顆完整的寬腹螵蛸令我印象非常深刻，它與前面幾顆快被分解掉的螵蛸不同，而且發現它時，螵蛸表面還有隻黑色小蟲在上面爬來爬去，當時我不以為意，僅為牠拍了幾張照片，小蟲也很快地就飛走了。大約經過一個半月後，查看該螵蛸時發現表面有異狀，在其末端與側面竟出現一個奇怪的圓形孔洞，且這孔洞內還不斷流出一粒粒顆粒狀橙色碎屑掉落到地面上，堆積成倒漏斗狀的小土丘，這情形讓我聯想到天牛寄生在樹幹時，幼蟲啃食樹幹內組織，再將自己的糞便排出樹幹外，形成一堆所謂的「糞屑」，兩者之間模式型態相當雷同，這下才驚覺到原來這顆螵蛸被寄生了。

為了滿足好奇心，我用美工刀從螵蛸末端上的圓形孔洞處切下，打開螵蛸後不禁倒抽一口氣，因為裡面有一團橙黃色毛茸茸的怪蟲不斷蠕動向外爬去，整個螵蛸內部被這些怪蟲吃的只剩下空皮囊。比對圖鑑後得知這些全是鰹節蟲科（Dermestidae）幼蟲，又稱皮蠹蟲，屬名為斑皮蠹（*Trogoderma* sp.），幼蟲體長約 5.0 ～ 7.0mm，其成長需經過卵、幼蟲、蛹、成蟲，是一種完全變態、卵寄生類昆蟲。

從生態學的角度來看，這也只是自然界物種相剋循環的一小環，在萬物平等的前提下，其實每種生命都有其生存價值，觀看皮蠹蟲、螳小蜂雖靠寄生於螵蛸而存活，卻意外抑制了螳螂族群數量，所以無論是寄生或被寄生，牠們之間的關係是環環相扣，仍相互依存於大自然的平衡定律下。

1. 黑色皮蠹蟲在寬腹螳螂螵蛸上產卵寄生。

2. 一個半月後螵蛸下方破了個大洞。

3. 不管是正面還是側面都出現奇怪破洞。

4. 螵蛸下方有被蟲蛀蝕堆積而成的糞粒。

5. 切開螵蛸，內部塞了滿滿的皮蠹蟲。

6. 倒出毛茸茸的皮蠹蟲幼蟲令人不寒而慄。

7. 看看螵蛸的內部，裡頭的卵全被吃光，只留下空殼。

8. 皮蠹蟲幼蟲的腹面下可見頭部與六隻腳。

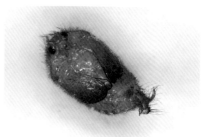

9. 幼蟲化蛹時，體表撕出一條裂痕，可隱約看到蛹體。

10. 蛹體上有清晰的紅色複眼及翅膀。

11. 翅鞘黝黑略帶黃色細毛是皮蠹蟲的廬山真面目。

12. 外表看似正常的台灣大刀螳螂螵蛸。

13. 打開後裡面同樣被皮蠹蟲完全寄生。

鐵線蟲的寄生

除了螵蛸會被寄生外，其實成蟲也會被寄生。某次在清境農場附近調查昆蟲生態，發現路旁有隻鼓脹著飽滿肚子，一副即將生產模樣的螳螂，於是我小心翼翼地將牠放進蟲盒，打算帶回去觀察。

回到學校後過了三天，我見螳螂似乎無產卵傾向，反倒不安分地在飼養箱內四處走動，心想會不會是因為牠感到飢餓而急躁不安，於是抓了二隻紋白蝶放入飼養箱內，出乎意料的是美食當前，台灣寬腹雌螳螂卻無動於衷，甚至舉起胸前捕捉足害怕的做出投降求饒姿態，最後頭低低地往角落移動，此行為對螳螂成蟲而言極不尋常。

之後因忙著上課，直到隔天才又前去觀察螳螂動靜，沒想到那二隻紋白蝶竟沒有被吃掉，反觀螳螂卻是奄奄一息躺在地上，身子偶爾還會斷斷續續的抽動，看其膨大的腹部，腹節與腹節間被撐開，看得出裡頭有團黑影在翻滾攪動，我心想，這該不會是傳說中鐵線蟲即將出世的徵兆吧！於是我將螳螂放到盛水的透明盒中，不到幾秒時間，果真有三隻鐵線蟲同時從螳螂的生殖孔內鑽出。

▲打開台灣寬腹螳螂腹部，可怕的鐵線蟲整齊地纏繞塞爆螳螂的肚子。

根據文獻資料指出，全世界大約有 300 多種鐵線蟲，由於螳螂生活在水域、陸域相鄰的環境下，因此有極高的比例會被鐵線蟲寄生，而寬腹螳螂、台灣寬腹螳螂這類大型螳螂，則是鐵線蟲最常寄生的種類。

由於鐵線蟲必須在水中生活，因此寄生後牠會驅使螳螂前往水邊並使其跳入水中，如此鐵線蟲才可再度回到水中繼續繁衍，這種情況也發生在其他被鐵線蟲寄生的昆蟲（如蟋蟀）身上，因此種種行為證據在在證明，鐵線蟲具控制宿主

局部行為之能力。而鐵線蟲之所以令人擔憂，是因牠寄生的範圍與種類上相當廣泛，舉凡水生藻類、昆蟲、魚類，陸地上的各種節肢動物都是感染對象。以陸生螳螂為例，跳入水中的螳螂，不會立刻沉入水裡，而是漂浮在水面上，水經由螳螂身上氣孔進入腹部，寄生在螳螂肚內的鐵線蟲一旦感應到水流進入，便在腹部移動尋找出口，螳螂的生殖孔正是開口之一，於是快速從體內鑽出，扭動著身體游到水底生活，再經交配把卵產在水中，孵

化後的幼體寄生在水中生物或昆蟲（如水蚤、孑孓）身上，隨寄主一同生活在水裡，潛伏在水裡的日子，鐵線蟲尚未長大成熟，因此這段年幼時期稱為「中間寄主寄生」時期。

　　水生昆蟲蛻變為成蟲之後，離開水域到陸地生活，恰巧被螳螂捕食，鐵線蟲間接進入螳螂體內繼續發育成長，直到成熟後又鑽出，所以螳螂成為了鐵線蟲的「最終寄主寄生」之昆蟲，完美的寄生生存方式，反覆不斷在大自然中循環。

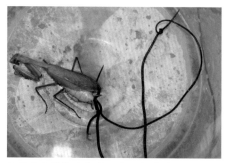

1. 螳螂腹部大到異常的被撐開。

2. 放入水中，陸續有鐵線蟲從生殖孔鑽出。

3. 鑽出的鐵線蟲快速向外四處游動。

4. 螳螂像似洩了氣的氣球，動也不動。

5. 將盒內的水倒掉，鐵線蟲開始劇烈活動，紛紛爬到盒外。

6. 爬出透明盒，不斷在地上蠕動爬行，用尺一量，足足長達 45 公分以上。

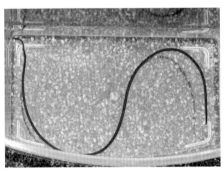

7. 放入大的飼養盒內，不斷以波浪狀擺動姿態游動。

8. 放回有水的盒內，再次靜靜的圍繞螳螂身旁。

▲鐵線蟲頭端呈尖端狀。

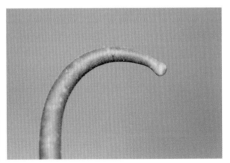

▲尾端呈圓頭狀。

八 螳螂的防禦

螳螂雖為昆蟲界的殺手，但身處險象環生、殺機四伏環境，仍會受到不少的天敵攻擊，為避免被天敵捕食，提高活命的機會，牠也發展出各式各樣的禦敵策略，包括「偽裝」、「擬態」、「躲藏」、「假死」、「威嚇」、「逃跑」、「體色的改變」等。

偽裝是指將本身的型態、體色斑紋，趨近於當時棲地環境顏色，以獲得最佳保護自我的一種方式，讓敵人無從發現蹤跡，因此，許多種螳螂就會模擬環境特色，換取最大的安全保障，如台灣大刀螳螂、棕汙斑螳螂體色呈乾黃雜草枯萎狀；台灣花螳螂翅膀呈綠色宛如小葉片，翅面有清晰葉脈狀；停止不動的魏氏奇葉螳如同一根枯枝條；還有寬腹螳螂產在樹幹上的螵蛸像一顆渾然天成的樹瘤；台灣大刀螳螂土黃色的螵蛸，像丟入草叢裡的一顆小石頭等，都是聰明的螳螂利用大自然裡最常出現的顏色，造成視覺錯亂的很好事例，或許這樣的隱身術也是大自然生存的法則之一吧！

▲產在台灣欒樹樹幹上的寬腹螳螂螵蛸是不是很像樹瘤般難以辨認。

▲台灣花螳螂有一對跟葉片相似的翅膀。

▲附著在牧草上的台灣大刀螳螵蛸，像是一顆被丟在上面的石頭。

▲台灣樹皮螳螂的幼螳體色，幾乎與桂花樹幹顏色相同，讓人眼花撩亂。

擬態是指生物體以自身型態去模仿其他生物或非生物，讓掠食者感覺到牠是一種很難吞嚥、不敢吃或不能吃的東西，或使得掠食者一見其形態，就知道不該去招惹，模仿者因掠食動物的遲疑，而讓自己獲得降低被捕食的機率，這是擬態的最基本解釋。至於生物體的偽裝呢？則是將本身的型態、體色斑紋，去趨近於當時棲地環境顏色，來換取生命的安全。追溯科學家研究擬態的歷史過程，得知擬態有許多方式，依照發展年代的先後順序，將擬態分為貝氏擬態、米勒氏擬態、攻擊性擬態以及韋氏擬態等四種類別：

（一）貝氏擬態

最先發現生物的擬態行為是在西元 1850 ～ 1862 年間，英國人貝茲所提倡，他以蝴蝶的翅膀與顏色作為研究題材，定義出「一種毫無防衛能力的動物，為求生存，去模仿其他有毒或者食味不佳的動物，進而降低或迴避獵食者的捕食攻擊」之解釋，具有此種能力的蝴蝶稱為貝氏擬態。

在台灣貝氏擬態的昆蟲種類為數不少，像是雌紅紫蛺蝶 *Hypolimnas misippus*（Linnaeus, 1764）幼蟲以馬齒莧科植物作為食草，由於此類植物沒有毒性，所以將此蝶歸類於「無毒蝶類」，但雌紅紫蛺蝶為了保護自己，免於被天敵捕食的命運，於是雌性的雌紅紫蛺蝶將同為蛺蝶科斑蝶屬的樺斑蝶 *Danaus chrysippus*（Linnaeus, 1758）視為模擬的對象，因為樺斑蝶幼蟲以蘿藦科（Asclepiadaceae）的馬利筋為食，此種食草莖葉所含的白色乳狀物有毒性，若強行捕食，可能會造成掠食者嘔吐不適，甚至死亡，因此，樺斑蝶對天敵來說實屬「食味不佳的蝶類」，通常讓食蟲動物退避三舍。

▲被擬態者樺斑蝶。（有毒）

▲擬態者雌紅紫蛺蝶雌蝶。（無毒）

（二）米勒氏擬態

　　繼貝茲之後的十七年，1879 年德國人米勒氏提出了另一種生物的擬態行爲，同樣地他以蝴蝶爲研究主題，並且提出了與貝氏擬態不太一樣的生物擬態行爲。他在觀察蝴蝶的生態行爲後，發現了許多不同蝶種的毒蝶（幼蟲攝食毒食草），不管在斑紋、色彩極爲類似，他認爲「兩種有毒性或味道不佳的生物，彼此會相互模仿，以提高防衛作用達到互蒙其利的效果」，在台灣最著名的米勒氏擬態的蝶類，莫過於「青斑蝶屬」間蝴蝶的模仿。

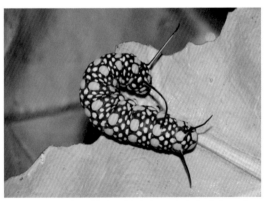

▲青斑蝶幼蟲攝食有乳汁的台灣牛彌葉，而呈現出鮮豔的體色。

（三）攻擊性擬態

　　1890 年 Poulton 提出的攻擊性擬態，解釋是「捕食者藉由擬態的方式，減少被獵物認出，一旦獵物降低警覺性，即增加捕獲獵物的機會」。

　　以號稱地球上進化最完美生物之稱的「蘭花螳螂」爲例，其最大特徵不單只是身體的花色與蘭花相仿，就連足部的龐大肢節構造，都和蘭花花瓣形態近乎一模一樣，難怪那些因花蜜而被引誘前來的小昆蟲，早已被守株待兔的蘭花螳螂算計其中，無所遁逃，是攻擊性擬態最佳代表例。

　　最後一種擬態稱爲韋氏擬態，這種擬態的方式發生在擬態者與被擬態者間存在著共生現象，主要是擬態者模仿寄主的形態或動作，擬態者爲了能和寄主在一起，會模仿寄主的體型或動作，達到共處一室生活的目的，在生活的實例中，大多發生在社會性昆蟲的族群如螞蟻、蜜蜂身上，因不常見，故不在此文章內多加著墨。

▲最爲世人驚嘆的蘭花螳螂，是攻擊性擬態的代表例。

| 躲藏性防禦 |

　　人們的躲貓貓隱身遊戲，在昆蟲界似乎不是什麼新鮮事，因牠們無時無刻都隱身在大自然裡，螳螂的躲避方式不像蝴蝶、獨角仙昆蟲那樣被動地默默爬行離開躲藏，根據我的觀察，當牠感受到有物體靠近形成壓迫威脅時，會先細心觀察四周變化，大多採原地不動，就地掩蔽的方法，若是發現緊迫逼人的壓迫氣氛仍在，牠就會等待時機拔腿落跑。

　　事實上，螳螂躲藏功夫之了得，並不只是將身體隱身而已，當牠真遇到威脅時，還會出現東躲西藏、甚至用變臉、假死等騙術來威嚇敵人，或是迅雷不及掩耳的速度快跑。

1.發現陌生物體接近，轉身貼於葉背躲藏。（台灣寬腹螳螂）

2.受到干擾停止不動。（魏氏奇葉螳）

3.下一秒鐘跑入枯葉堆裡躲藏。

1. 棲息在颱風草上的台灣大刀若螳見到不明物體接近，將身體壓到最低，幾乎與葉片平行

2. 或者彈跳離開，吊掛在芒草下方，身體僵直，裝作沒任何事發生。

1. 魏氏奇葉若螳，發現前方的攝影鏡頭靠近。

2. 同樣把身體壓到與地板平行，以為你會看不見牠。

1. 在櫻花樹幹上交配的台灣寬腹螳螂。

2. 一見到有人靠近，立刻背著雄螳螂挪移腳步躲至樹幹另一端，與樹幹垂直來閃避。

| 體色的防禦 |

　　昆蟲身著的彩衣，正是身體與環境有所呼應而在體表上呈現出來的體色，最常見的是原本為同一種、同一隻昆蟲，在同一齡期階段竟出現五顏六色多種不同的體色型態，科學家面對普遍存在於各類昆蟲身上的現象，將牠稱為「體色多型性現象（body-color polymorphism）」。

　　螳螂體色的變化，尤以寬腹螳螂與台灣大刀螳螂等大型螳螂最為顯見，在野外就曾遇過綠色、粉紅色、紅褐色、黃綠色等多種的寬腹螳螂，若不是對於寬腹螳螂有一定熟識，第

一時間還真容易被混淆了呢！對於螳螂體色多變的轉換，雖有諸多的疑團需待解答，不過可知的是體色會在短時間內進行多次改變，應該屬於一種暫時性生理型色素移動所造成，為的是隱蔽保護、逃避天敵的成分居大，這也是昆蟲適應大自然變化的生存法則吧！

▶二隻同種、同齡的台灣大刀終齡若蟲，卻因環境關係，而有著完全不同的體色。

▲綠色體型寬腹螳螂。

▲紅褐色體型寬腹螳螂。

▲剛產下的寬腹綠色螵蛸。

▲二天後變成褐色螵蛸。

▲紅褐色若螳。

▲羽化後變成橘黃色體型螳螂。

◀一天後再變成紅
胸綠背型螳螂。

｜詐欺性防禦｜

　　事實上，除了上述各種方式外，螳螂身上獨有的花紋或眼斑也是防禦的一種方法。我簡略地將螳螂身上獨有的花紋或眼斑，整理出二種可以當作唬人避敵的詐術。第一種是型態詐術：此類花紋一般位於身上最醒目的翅膀處，如果花紋型態又長得像似動物眼睛模樣，避敵效果應該更佳，原因是這些眼斑在干擾下會變成類似怒目相視的大眼睛；第二種就是狐假虎威：此類螳螂的翅膀表面沒有顯著斑

紋，斑紋則是隱藏在身體內側較不易見到之處，只要被動受到干擾後，才會迅速展現，天敵也會被鮮豔的體色嚇到退避暫緩攻擊，一旦回神，螳螂也逃離危險之地了。

　　其實不管螳螂或是其他昆蟲，牠所採用的詐術之法，最終都以與大自然合而為一為準則，環境變了，牠們也跟隨轉變，所以，螳螂的狐假虎威說穿了，不過是利己求生存的詐術手法而已。

■ 麗眼螳螂欺詐性防禦行為觀察

1. 遇到突發干擾情況。

2. 揚翅的麗眼螳有鮮紅色的內翅警戒色。

3. 翅膀合起來，有怒目橫眉的嚇人假眼。

■ 台灣大刀螳螂欺詐性防禦行為觀察

1.受到干擾的寬腹雌螳螂收腳警戒。

2.腹部抬高，開始揚起翅膀。

3.瞬間前翅上舉腹部彎曲，露出黃黑色的內翅。

4.不久，翅膀很快又恢復合翅模樣。

5.甚至揚起翅膀，短暫飛行再跳落地面。

6.收起翅膀，快速飛奔逃離危險範圍。

Chapter2

話古說今
螳螂事

挨 礱辟破

▲客家人認為螳螂巨大的前肢就像是推動石磨的「挨礱」。

「挨礱辟破」（ai˘ liong˘ pi˘ po˘）是我兒時居住的客家莊，長輩們用客家話教我們認識螳螂的第一句話，另一句是國小老師在課堂裡用國語上課，螳螂就叫螳螂，簡潔易懂且一聽就明白。

居住在台灣的客家人早期多以務農維生，每年 6～7 月、10～11 月間正是稻穗熟成期，水稻收割後須將稻穀晒乾，再將晒乾後的稻穀進行穀殼與種子（米）分離，最後成為日後食用的米粒。

▲三面環山的美濃客家莊，曾是稻米之鄉。

▲自家三合院翻動稻穀、晒穀的場景，在今時社會已不多見了。

　　為了能夠更快速的精製出乾淨漂亮的米粒，務農的客家人製造了一套輔助工具，來加速殼與米的分離。「礱」就是當初農家發明用來研磨稻穀去除外殼的器具，土做或石雕材質的礱，磨穀效果雖佳，但卻有重量太重的缺點，要花費極大力氣才能持續推動，後來改良用竹編做成礱，質量變輕了，效果卻不如土製，也比較容易損壞。為了解決這項問題，農人便在「礱」上方加裝一支長柄，運用槓桿物理性原理去推動物體，就這麼一推一拉的來來回回，讓笨重的「礱」產生了旋轉、摩擦、擠壓等多重力道，順利將下方一顆顆稻穀與殼分開，因此長柄有了「挨」的稱呼。

　　當客家人看見螳螂那對左右晃動的前肢雙臂，立刻聯想到拿「挨」推動「礱」磨稻穀的動作，就把螳螂冠上「挨礱」之名；至於後兩字「辟破」或稱「丕泡」的由來也很有趣，有些人認為這二字只是語助詞，沒有什麼特別意義，但另有學者抱持不同看法，經由他們鉅細靡遺觀察，認為重量不輕的「礱」在轉動壓稻時，所產生的摩擦、擠壓、擊碎聲音，是「辟破、辟破」高低不一的聲響，又如同水裡泡泡急冒而出的「辟辟破破、辟辟破破」聲，聽似平凡的聲音，在學者們的耳裡聽來卻格外不一樣，因為母螳螂產卵時，腹部末端噴出海綿泡沫物不斷發出辟辟破破細小聲響，與「辟破」細微聲雷同，學者們遂將上述的磨穀聲、水冒泡聲與產卵聲三者聯想起來，「挨礱辟破」之名應時而生，成了螳螂的另一新名稱。

「挨」

「礱」

▲農村時期家家必備的「挨礱」，現在成了客家古文物。

其實客家人對於螳螂的想像還不只如此，分別又從食性與行為上各取了特殊的名字。在食性方面，覺得螳螂牠那肉食性的特質，只要一遇小蟲就將其撕裂啃食的畫面令人印象深刻，兇猛程度如同昆蟲界的老虎，所以把螳螂叫作「老虎哥」（lo fuˋgoˇ）；又因螳螂前肢伸長與彎曲等揮舞動作，姿態模樣就像我們每天使用湯匙舀湯、喝湯時的動作，所以螳螂又有了「挑剛啊」的稱呼。

經此解釋與認識，不得不佩服客家先祖的豐富想像力，不僅讓兇猛的螳螂憑添了幾分柔情與趣味，更賦予了螳螂多樣的新生命，為台灣四百萬客家子孫留下一份珍貴的文化資產。

▲客家人稱螳螂為「挑剛啊」，你覺得有像嗎？

▲螳螂六親不認的兇猛捕食習性，被客家人稱為「老虎哥」。

草 猴！草猴！真趣味

▲垂吊在樹枝上的小螳螂（台灣大刀螳螂若蟲）宛如一群小猴聚集在一起，是群有趣的草猴。

在我服務的埔里鎮宏仁國中校園裡常有螳螂出沒，像是台灣大刀螳螂、寬腹螳螂等，偶爾還會出現棕汙斑小螳螂，尤其在春末、夏初季節更為常見。由於這些年來我會帶著學生前往認識螳螂的生態，因此這些螳螂的存在，不僅讓我的生物課程變得活潑與真實，也讓學生學習到有別教科書之外的體驗觀察課。

▲在樹枝上奔跑的小螳螂（棕汙斑螳螂若蟲），如一群調皮的草猴。

▲螳螂生態是生物教學的好教材。

▲在草叢中「雙手懸懸」的草猴。

開始留意校園內的螳螂約是在六年前，當時有學生打算以螳螂作爲科展研究的對象，我想這是很棒且能夠就地取材的題目，值得研究與探討，於是宏仁國中校園遂成爲我們就近調查的地點。爲了進一步瞭解螳螂的生態，也積極地去蒐集一些相關資料，其中向陽（本名林淇瀁）教授所創作的「台語囝仔歌」裡，令我印象深刻，正好拿來教導學生初步認識螳螂。

「草猴草猴真有趣，雙手懸懸，親像佇田裡作指揮……，叫退的歹虫歹物，攏給我走去避。」

草猴，是螳螂台語的名字，意指螳螂停留田野時，高高舉起雙手的模樣，像在田裡指揮交通的警察……，同時警告那些害蟲壞蛋趕快閃邊去。哈！眞是一首美妙寫實且充滿濃濃台語味的童歌，唸起來令人神魂顚倒著迷啊！

以兒歌中草猴雙手懸懸爲例，向陽教授說「懸懸」是「很高」的意思，但在台語光是形容「高」，就有多種不同層面的表達方式，例如「一般高」算是初級用語而已，用一個字「懸」來形容；「很高」等級上升了，用「懸懸」表達；「非常的高」屬於最高等級，叫作「懸懸懸」。哈！聽起來有些捲舌繞口令般，但卻能在複雜中細分出「高」的等級與差異，這就是台語令人感到有趣之處。

所以不管你用客家話把螳螂叫做「挨礱辟破」、「挑剛啊」、「老虎哥」，還是喜歡用台語叫牠「草猴」，牠已經是深植在我們心中，這些名字是人類智慧的結晶、文化的精髓，讓螳螂在台灣成爲了最具特色、最令人著迷的昆蟲之一。

「向陽教授台語螳螂童歌的註解」：

草猴：螳螂的台語俗名，念「ㄘㄠ ㄍㄠˊ」。

趣味：有趣，念「ㄘㄨ ㄇㄧ」。

懸懸：高高，念「ㄍㄨㄢ ㄍㄨㄢ」。

佇：在，念「ㄉㄧ」。

沃：澆，念「ㄚ」。

遐的：那些，念「ㄏㄧㄚ ㄝ」。

歹虫：害蟲，念「ㄆㄞ ㄊㄤ」。

歹物：壞蛋，念「ㄆㄞ ㄇㄧ」。

攏：全部，念「ㄌㄨㄥ」。

給：念「ㄍㄚ」。

▲潛伏在枯枝林，伸出雙手準備捕捉獵物的草猴。

▲草猴捉到「歹虫歹物」了──蟑螂。

▲真相不是「攏給我走去避」，而是把歹虫歹物直接吃進肚裡。

螳 臂擋車

▲「螳臂擋車」是不自量力的舉動，更是教化人心的成語。

「螳臂擋車」明明是無稽之談荒謬之事，但爲何還會流傳千百年，更成爲今日的經典成語，這之間有何令人想不到的意含嗎？

在螳螂的類別中，面對像車子這般龐然大物接近時，還能沉著應對者我想應該沒有。因爲多年來觀察螳螂的心得、經驗告訴我，螳螂天生反應敏銳，通常遇到不明物體突然接近，不是逃離就是躲藏、假死，甚至就近尋物掩護，盡量把自己隱身不被發現，哪還會去抵擋車子，所以與其說牠會去阻擋車子，不如說牠是受到驚嚇，舉手揚翅做出本能的反應吧！

台灣產螳螂中常見的威嚇本能行爲，就屬「寬腹螳螂」或「台灣大刀螳螂」兩種中大體型螳螂。牠們平時都以吊掛姿勢停棲於樹叢裡，覓食時會四處攀爬尋找獵物，偶爾來到地上，那種大搖大擺行走的模樣，確實讓人印象深刻，尤其當有物體接近或干擾，還真會舉起雙手來威嚇驅敵，或許就是這樣的姿態，讓人誤以爲螳螂有阻車之行爲吧！

▲台灣大刀螳螂舉手揚翅的模樣，可能是被誤以為螳臂擋車的緣由。

不過「螳臂擋車」的成語，傳到了戰國時期，後人又賦予了不同的意義。莊子一書中曾提及：「汝不知夫螳螂乎？怒其臂以當車轍，不知其不勝任也，是其才之美者也……」這段話顛覆了以往只談舉臂擋車的政治話術，反而引用螳螂的天生習性，來告知人們應該認清自己的能力，對於無法勝任之事，別去吹牛誇大，因為最終的結果可能淪為與螳螂一樣的不自量力，讓自己陷入無法預知的危險下場。莊子用了諷刺的語法，提醒在混亂社會中那些「不知其不勝任」的人，要懂得謙卑，認清自己的實力，築夢要踏實，才能實現自我理想而受人肯定，這一席道理從古至今同樣受用無窮啊！

▲台灣大刀螳螂常雙手高舉棲息在車水馬龍的雜草旁。

▲行走在公路上的寬腹螳螂，雖有一夫當關萬夫莫敵的氣勢，但已經讓牠身陷死亡危險之中。

螳 螂捕蟬

▲螳螂捕蟬的行為通常發生於大型螳螂身上。（寬腹螳螂捕捉蟬）

　　螳螂捕蟬的過程是種單向食性，這吃與被吃的關係宛如一條長鍊子，而有了「食物鏈」這專有名稱。只不過食物鏈在廣大的自然界裡時有所聞，一點都不稀奇，因為生物間的互吃行為，不應只有單一食性而已，複雜程度可達數倍百倍之多，原因在於一種生物牠所扮演的角色可能兼具捕食者、被捕食者的多種角色，所以角色間的交錯定位會延伸成多條食物鏈且彼此連結糾纏在一起，進而形成了所謂的「食物網」。

　　螳螂真的會捕蟬嗎？說真的我也很好奇，恰巧某次班級返校打掃，學生發現一隻體型頗大的台灣熊蟬停在樹幹上。看牠沒有發出刺耳求偶的聲音，也沒有被我們大聲吵雜的聲音干擾而飛走，我想這應該是隻剛羽化不久的雌蟬吧！頓時興起實驗求證的想法，將螳螂放到熊蟬旁，不就能看到難得的螳螂捕蟬畫面。

將雌台灣大刀螳螂放置熊蟬旁不久，我們看到螳螂開始往蟬的方向爬去，心中不免興奮想著，應該出拳捕食了，沒想到螳螂竟然沒有抓蟬。

心裡正感到納悶時，蟬有了動靜，或許是牠驚覺周遭的危險氛圍，因此見牠舉起雙腳緩慢移動著身軀，就在同時，我也看到下方的螳螂像被突如移動的蟬嚇到般，一連倒退了幾步，雖然如此，感覺螳螂其實如同一隻餓虎，因牠目光直視鎖定前方的蟬，緊盯著其一舉一動，蟬往前走牠就跟著走，蟬停下螳螂就不動，且螳螂觸角抖動的更加激烈，看得出牠非常在乎蟬移動這件事，忽然，螳螂一個無預警的飛撲，就跟蟬雙雙掉下樹幹。正當我們七嘴八舌討論蟬與螳螂的蹤影時，有人發現牠們就掉落在樹幹下方的咸豐草旁，只見螳螂的雙腳正緊緊抓住來不及飛走的蟬，台灣熊蟬不斷用力揮動雙翅，但越是掙扎，螳螂的利爪抓的更緊，咬食的更快，不久，熊蟬漸漸失去掙扎的能力，動也不動的任由螳螂擺布，最後只剩下四片透明的翅膀，飄落在地面。

螳螂飽餐一頓後腹部明顯鼓起，看牠悠哉地舔手舔足，似乎十分滿足今天的捕食，但我卻對此次螳螂能夠捕到蟬，感到內疚與罪惡感，畢竟是在好奇心驅使下，才讓螳螂抓了蟬，更目睹了弱肉強食、血腥無情的一幕。

▲只要蟬兒不移動，螳螂竟無法看見旁邊有蟬。

■ 台灣大刀螳螂捕蟬過程觀察

1. 正在吸食樹液的台灣熊蟬。

2. 大刀螳螂發現蟬時，做出警戒姿勢。

3. 蟬兒向上攀爬，螳螂轉身跟隨。

4. 大刀螳螂越來越接近蟬了。

5. 一個快步前撲，大刀螳螂與蟬雙雙消失。

6. 隱約看到大刀螳螂與蟬掉落下方草叢內，撥開雜草後看見螳螂已經在啃食台灣熊蟬。

7. 蟬兒越是掙扎大刀螳螂抓的越緊。

8. 沒有多久，蟬的頭
胸部已被啃掉大半。

獵 人之眼

▲螳螂的複眼有數以萬計的小眼。

多年前曾在昆蟲學課本上，讀過關於昆蟲視覺的特性與構造，書中指出有些昆蟲天生具有視覺障礙，平時就像視盲般，隱隱約約看不清楚眼前事物，尤其對於「靜止中」的獵物，通常視而不見，但這類昆蟲卻對「移動」的物體極為敏銳。針對此習性，讓我聯想到為何蟬不動，螳螂看不見牠，蟬在爬行移動後，螳螂立刻尾隨與獵捕，終於明白，原來螳螂就是屬於那種只看得見移動物體，見不到靜止中物體的視覺障礙昆蟲。

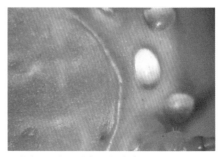

▲螳螂頭頂上還有三個光亮的單眼。

昆蟲的眼睛統稱為複眼（ommateum），螳螂也包括在內，在外觀上更異於他種昆蟲，因為複眼位在頭部兩側向外凸出的位置，幾乎

占去頭部的二分之一面積，如此怪異的外型，在其他昆蟲身上是少見的。複眼表面由數千甚至更多的小眼（ommatidia）所組成，人類的肉眼無法直接看透複眼的外觀，必須借助顯微鏡，才能清楚看到每個複眼呈六角形狀，而且非常有秩序的一個接一個緊密排列在一起，組合成龐大的蜂窩狀型態。

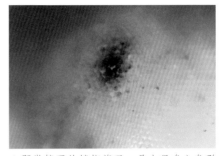

▲ 顯微鏡下的螳螂複眼，是由很多六角形狀構造緊密排列而成。

螳螂的複眼雖然看不到靜態物體，但卻能精準判斷移動中物體方向，只要有東西在螳螂眼前掠過，即使是一瞬間，牠也能很快地初步形成影像，再將訊息傳送大腦，以分析物體判斷體型大小與移動速度，若物體體型比自己小，通常牠會很快跟隨獵捕，但若遇到物體體型比牠還大，螳螂則會選擇停留原地觀察，或豎起前肢做出防禦姿勢。

另外在螳螂兩個複眼中間，有些特殊構造來彌補視盲般的缺陷。三個明亮的單眼（ocelli）正是此輔助構造，這如同彈珠般透明光亮的構造，專門負責感應光線強弱與判斷物體距離的遠近，協助複眼對物體成像，所以即使複眼先天有缺陷，在小眼與單眼等構造天衣無縫配合下，螳螂依然可以看到影像，並在短時間或適當時機，驅使前肢精準捕捉獵物。

我曾觀察到棲息在火焰木葉片下的寬腹雄螳螂，綠色的體色恰巧與橢圓鋸齒狀的葉片顏色相融合，當時不曉得從哪裡冒出來的小蛾，盲目地四處飛竄，不一會兒竟停在火焰木的葉背上，就在小蛾停下瞬間，我注意到寬腹螳螂身體抖動了一下，接著見牠起身前進，並讓自己的身軀偽裝成風吹時左右擺蕩的葉片。小心翼翼進入獵捕範圍後，立刻伸出厚實銳利的雙臂，一個大前撲，尖銳的爪刺正中目標，無法掙脫的小蛾很快地就成為螳螂填飽肚子的囊中物了。

經過此次觀察，更加確定移動的獵物會引起螳螂注意，也許這敏銳的複眼，正是上天賦與螳螂捕獲食物的技能，是自然界弱肉強食、適者生存的定理吧！

■ 寬腹螳螂捕獲獵物的觀察

1. 寬腹螳螂發現了前方舞動雙翅的小蛾。

2. 一個快步螳螂已經悄悄爬到獵物旁。

3. 再向前撲捉，勾住小蛾立刻送往嘴裡。

4. 大口咬食咀嚼小蛾。

5. 丟棄不吃的翅膀。

6. 最後大口吞下獵物。

7. 吃完獵物後清潔捕捉足。

8. 留在原地等待下
一次的捕食機會。

121

螳 螂拳

▲蓄勢待發的大刀螳螂之螳螂拳。

中國功夫博大精深，其中最令人著迷與仿傚的是模擬動物身形招式的「象形拳」吧！不管是龍躍、虎躍、猴身、鶴拳、雞步、貓竄、狗閃、獅拳、虎拳、燕子飛、兔滾、鷹翻等都是常見的象形拳，當中以昆蟲爲主的拳法相較爲少，因此要說中國武術中昆蟲拳法的代表，非「螳螂拳」莫屬了。

▲雄勁沉穩的寬腹螳螂拳。

▲二隻棕汗斑小螳雙手合抱，打躬作揖的模樣可愛極了。

螳螂拳最大的特點就是模仿螳螂的動作而來，相傳創始者因目擊螳螂捕蟬時之專注、快、狠、準等習性而啓發靈感，進而創作一套能夠與螳螂那般出擊制勝的拳法。既然螳螂拳是模擬螳螂的動作而來，那不免讓人好奇想問，究竟真正的螳螂會不會打拳呢？

事實上，從觀察螳螂的外觀特徵、生態行爲即可窺知一二，螳螂捕捉足中間龐大的腿節，是螳螂足部演化過程中重要的特徵，平常螳螂足部前端的兩節（脛節與腿節）呈收合姿態，遠觀就像是戴上手套的搏擊選手、拳頭緊握、放在胸前，一副蓄勢待發，等待最佳時機出拳，而螳螂拳的拳法，部分招式因此姿勢而來。以觀察魏氏奇葉螳螂爲例，捕捉足的收發，就有類似拳擊手搏擊的勾、刁、進、打等進退攻防的手勢。以此我得到二個結論：

（1）當螳螂前方沒有獵物出現時，這樣的手勢並不是代表螳螂要捕食或準備做攻擊的反應，而比較像是一種「行進前的試探動作」，會有這樣推測是因爲觀察到原本停在樹枝上的魏氏奇葉螳螂，其捕捉足會無故地做出伸出、收回的反覆動作，幾次之後，魏氏奇葉螳螂確定前方沒有障礙物時，就會沿著樹幹快速爬行離開。

（2）前方有獵物時，那迅雷不及掩耳的出手，如同是一記重拳，讓獵物束手就擒無法反擊。

▲昂首收足的模樣，其實是小螳螂發現前方有獵物出現。

綜觀本文螳螂拳的由來，其實就是根據螳螂的覓食、休憩、警戒、恫嚇、防禦等多種生態行爲的綜合混合體，只因人類太有創意和豐富的想像力，廣泛結合族群方言、宗教哲理、動植物等多方元素後，變化拼湊出的巧妙功夫，因此一般人即便窮盡一生的專研，或許還摸不清這當中的奧妙呢！

■ 行進前，螳螂出拳的試探動作觀察

1. 魏氏奇葉螳休息之螳拳。

2. 慢慢的伸出捕捉足。

3. 又將捕捉足收回。

4. 再做出一前一後的試探。

5. 將捕捉足延伸到最前方抓住樹枝。

6. 一觸碰到落點，身體前傾即快速爬行離開。

無 頭新郎之悲歌

▲雄螳螂令人驚訝的交配之舉，即使失去頭部後竟然還可以進行交配。

經常有網友在網路上沸沸揚揚的討論，關於無頭螳螂仍然可以繼續交配的文章，不過詳細察看其中的細節，有部分的真實性需待查證？因為這些雌螳螂吃雄螳螂的照片，很多拍攝於飼養箱內狹隘的空間，在環境受限下交配，已經令雄螳螂處於劣勢了，通常也是最後導致牠被雌螳螂捕食的原因之一，尤其在食物餵食不足情況下，雄螳螂的處境更是岌岌可危，貿然交配，會徒增雄螳螂的傷亡機率。不過有一方科學家認為雄螳螂

被雌螳螂吃是出於自願，因為如此才能在最短的時間內，讓雌螳螂獲取到更多養分以提供給受精後的眾多卵粒，這種犧牲小我，完成傳宗接代的情操，令人感到不可思議。

究竟「沒有頭」的雄螳螂真的會交配嗎？為解開謎團，我以兩對螳螂來進行觀察，一對是在芒果樹上成功交配且順利離開的寬腹螳螂；另一對是褐色雌螳螂與綠色雄螳螂，兩種體色截然不同卻是同種的寬腹螳螂。這次我選擇的地點是放在距離第

125

一對不遠的雞蛋花樹上，這樣的安排是希望兩者間彼此不受干擾，能成功自然完成交配，同樣雌前、雄後一前一後慢慢放上，雌螳螂的反應與之前一樣，慢且安靜停在原地，雄螳螂則相較不安分，一接觸到樹幹就往前暴衝，很快地爬到雌螳螂對面的位置停下。接下來我所擔憂的事情果然發生了，二隻螳螂對望不到五秒，雌性寬腹螳螂很快地緊緊勾住雄螳螂，接下來一陣劇烈的咬食、掙脫、互鬥，正

當雄螳螂漸漸失去頭部，生命也一點一滴消失之際，卻見牠不慌不忙把橫躺的身軀慢慢移動，成為垂直姿勢，接著高高舉起自己的腹部對準雌螳螂，試著將交尾器放入雌螳螂身上，失敗了就再來一次，最後雌雄間的接合動作竟然對準，開始進行交配了。

有學者研究認為，雌螳螂的殺夫行為，有一舉多得的好處，除了獲得一頓豐盛的食物之外，還可以儲存足夠的養分來應付未來的生產。至於

■ 雄寬腹螳螂被捕食後還能交配過程

1. 雄螳螂一下子就跑到雌螳螂對面。（右雄左雌）

2. 雌螳螂很快地發現了對面的雄螳螂。

3. 向前一撲，立刻勾住雄螳螂胸部。

4. 雌螳螂將雄螳螂拖到眼前咬食。

斷頭的雄螳螂為何能繼續完成傳宗接代的行為，其理由在於控制交配行為的神經並不在頭部，而是在胸節與腹部，細長胸節內的神經球可以支配六隻腳的行動，而腹部尾節的神經球也能控制整個腹部器官。因此回想當時激情血腥的畫面，雄螳螂確實已經沒有頭了，腹部卻還能不斷地高舉扭動去尋找交尾之處，這與學者研究的論點有相似之處；更有研究指出，失去頭部的雄螳螂受到疼痛的刺激，反而有助於增強雄性的交配能力，以獲取到更多成功的受孕率。

以生命無價的觀點來看，雌性吃食雄性的行為或許過於殘忍，這和人類想像的浪漫愛情故事實在天差地遠，但是，若以生物的觀點來看，這些行為卻含有生物本能上的反應，斷頭雄螳螂的犧牲，不僅讓我們再次讚嘆造物者的偉大，更見識到大自然賦予每一種生物獨特神奇的繁衍生存之道。

5. 頭、胸快被咬斷的雄螳螂，仍嘗試交配。

6. 忍著被咬的疼痛，雄螳螂最終交配成功。

7. 沒多久後雄螳螂的交尾器滑落。

8. 但勇敢的雄螳螂再度舉起尾節與雌螳螂進行交配。

9. 被雌螳螂抓來啃食的雄螳螂在失去頭部、捕捉足後，還是不忘高舉腹部想要交配。

10. 即使頭、胸部已被雌螳螂吃掉，雄螳螂的腹部仍連接在雌螳螂腹部上。

11. 雌螳螂狠心地將雄螳螂扯下。

12. 最後一口一口將雄螳螂啃食殆盡。

致 命的吸引力

▲上方雌性螳螂的回頭凝視，讓下方的雄螳螂如同驚弓之鳥，做出揚翅逃離的準備。

探討關於螳螂的愛情生態，相信帶給了我們許多的震撼與感動，為了傳宗接代，雌、雄螳螂們可真是拚了命在達成，其間的互動關係已經超乎我們的想像，畢竟這不僅僅只是單純的交配行為而已，事實上整個過程還蘊藏著複雜奧妙的生理意義。

每年五月到十月，螳螂正進入繁殖的季節，台灣各地郊區、農村校園或山林野地都有機會看到這個激情又殘酷的畫面，尤其是羽化後的雄螳螂長出只有成蟲才具有的翅膀特徵，

代表著成蟲螳螂日後不僅可以擴大覓食範圍，還成為找尋雌螳螂蹤跡的最佳利器，但要如何能夠有效且精準的搜尋到目標，其終極祕密武器還是要靠雌螳螂身上所散發特有的「性費洛蒙」。

性費洛蒙是一種化學性物質，長久來有許多科學家紛紛投入研究，不斷在探討其成分的祕密，最早發現這物質的是德國科學家Butenand，他從50多萬隻的家蠶蛾類身上抽取，並觀察蠶蛾牠們在散發或接收訊息後

外觀型態上的反應與改變，讓原本人類肉眼不易看見性費洛蒙的釋放過程，完整真實呈現。舉個例子來說，我們以飛行力不強的家蠶為例，雌性蠶蛾腹部最末端的生殖器被稱為香水囊，其型態為左、右各有一個橙黃色囊的突起構造，膨脹時會伸出腹部體外，透過香水囊呈現一伸一縮的狀態，將性費洛蒙經由表皮上的細微孔洞，散發於空氣之中，有時家蠶會爬到自己蠶繭上方，頭部朝下、腹部高舉，此姿勢可讓訊號傳至更遠的地方，使更多雄蠶蛾有機會接受到此訊息。

反觀雄蠶蛾也有類似這樣的構造，其頭端的羽狀觸角也是個複雜構造，上面有為數不少的毛狀感覺器，可接收來自四處不同的微小訊息，一旦感應到雌蠶蛾的呼喚，會不斷地揮動觸角，努力振翅拍打，半飛半走且顛簸地爬到雌蠶蛾身旁，讓很多人都誤以為只有在破繭而出後的雌蠶蛾，才會有性費洛蒙的分泌，事實上這並不正確，因為待在蠶繭裡面的雌蠶蛾，已經迫不及待開始分泌了，所以敏銳的雄蠶蛾早已聞味而至，守候在蠶繭外面，等到雌蠶蛾一出來，立刻完成終身大事。這樣的行為，並不是只有蠶蛾專有，如皇蛾這種全球體型最大的蛾類，就更厲害了，遠在數公里外的雄蛾，還能接收到雌蛾散發的化學物質，並飛奔到雌蛾身邊；或是蛺蝶科的雌細蝶在尚未破蛹而出之前，有時數隻雄細蝶早就盤據在小小的雌蛹體上等待，爭先恐後地誰都不肯讓步，甚至還會上演數隻雄蝶爭奪一隻雌細蝶的搶婚戲碼，總之在不同昆蟲身上都有類似這樣的特殊習性。

所以性費洛蒙是種對種之間兩性動物的獨特密碼，由其中一種性別

▲高舉腹部的雌性蠶寶寶，正散發費洛蒙吸引雄性前來。

▲雌蠶寶寶香水囊特寫。

▲雄皇蛾發達的觸角，讓牠能在遙遠距離即可嗅到雌皇蛾所在位置。

▲剛羽化的雌細蝶，立刻被守候已久的雄蝶占為己有。

（通常爲雌性）的特定構造排出體外，以吸引另外一半。螳螂正是如此，雌螳螂散發雌性費洛蒙吸引雄螳螂，而雄螳螂則是利用長觸角，左左右右來回不停的搜尋偵測周遭氣味，一旦聞到令牠無法抗拒、神魂顛倒的性費洛蒙，會看到雄螳螂觸角抖動的厲害，並朝向氣味的來源方向奔去。當牠尋到雌螳螂，卻因食性的關係不敢直撲交配，因爲貿然靠近雌螳螂反而有生命危險之憂，雄螳螂心知此點，所以即使找到了雌螳螂棲息處，探住步伐、觀望雌螳螂的反應，接下來是步步爲營等待最佳的交配時機。

總之，繁衍後代本應是值得高興的事，因爲藉由成功的交配行爲讓子代無滅絕憂慮，上天既然賦予了螳螂特殊的交配模式與食性，一定有其生存之道。至於另有學者提出不一樣的看法，認爲散播性費洛蒙的雌螳螂動機並不單純，不一定只爲交配傳宗接代，還有可能是爲了誘捕獵物，增加自己食物的來源，這樣不同角度的想法，則需更進一步的實驗與探討，不過十分肯定的是，性費洛蒙絕對是同種之間非常重要的溝通橋樑。

■ 台灣大刀螳螂被雌螳螂吸引交配觀察

1. 雄螳螂抖動著觸角，受雌螳螂吸引前來。

2. 雌螳螂爬回到地面，雄螳螂也尾隨在後。

3. 一次衝動交配失誤的雄螳螂，頭部被雌螳螂劈裂出一道傷痕。

4. 看似一親芳澤的模樣，其實是悲劇的開始。

5. 從另個角度發現，左邊雄螳螂竟被雌螳螂緊緊抓住，無法掙脫。

6. 一副勇者無懼，任由雌螳螂咬食。

7. 雄螳螂最後屍骨無存，這是一場失敗的交配行為。

133

卵 生動物

▲台灣產螳螂的多樣螵蛸型態。

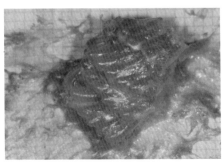

▲螵蛸內的卵通常是一層層排列整齊。(台灣大刀螳螂卵塊)

　　動物們本著物競天擇、適者生存的道理，存活於危機四伏的大自然裡，因此需在短時間內為未來後代爭取更多的生存機會，故不同物種間，除了居住的生活環境不同外，也因不同的生理構造，而分別演化出卵生、胎生與卵胎生三種胚胎發育的形式，但不管是哪一種發育形式，都是物種間最獨特的生存策略。

　　昆蟲這類節肢動物主要以體內受精卵生的方式來進行繁衍，雌雄昆蟲交配後，由雌蟲將受精卵經母體產出體外，並由卵黃提供養份給胚胎成長，因此卵生動物的卵粒會較一般哺乳類來的大些，這也是卵生的主要特點之一。另外卵離開母體後，就需獨自面對無法預知的惡劣環境，尤其在

天敵環伺的情況下，往往會降低卵的孵化率，造成物種數量上的減少，為此，昆蟲通常採取「以量取勝」的策略，只要有數隻存活就不必煩惱被滅絕的憂慮，而有些昆蟲媽媽在產卵時，還會貼心為寶寶們特別準備一道防護城牆，來加強對卵的保護。

　　舉些例子來看看，昆蟲們是如何保護自己的後代？像大多數的天牛都是植食性昆蟲，幼蟲以活樹或枯樹樹幹為食，所以天牛媽媽在產卵時會將卵產在樹皮下，藉由樹皮的保護，讓卵順利發育；蝗蟲將卵產在沙土內，藉由沙土覆蓋後，讓天敵無法分辨卵粒與砂石，以得到保護；薄翅蟬產卵時會伸出黑色的產卵管插入樹皮內，再將細小的卵產在裡面，讓卵能

在樹幹內得到保護；長臂金龜在產卵前，會利用腐土建造一個橢圓形卵室，讓卵可以在裡面安安穩穩的成長發育；泥壺蜂的後代最幸福，壺蜂媽媽不僅用大顎夾取一顆顆小泥球，辛苦建造一間間專屬卵的「巢室」，還會事先準備好豐富的食物（蛾的幼蟲），待卵孵化後就立刻有食物可享用，完全不會有餓肚子問題發生；蟋蟀媽媽有支細長的產卵管，會將其產卵管插入沙地中，藉由沙土的覆蓋護住卵的安全；螢火蟲媽媽雖然沒有其他特別的保護措施，但以大量分散式產卵模式，來分散天敵捕食的注意力，增加孵化的機率。肉食性螳螂保護卵的方式，絕不亞於上述昆蟲，其特殊點在卵的周圍布滿了無堅不摧的泡泡海綿城，讓天敵無法輕易危害到卵。

不管如何，即使是較低等的節肢動物，昆蟲媽媽們還是竭盡辛苦去打造獨特專一的防護罩，一切的一切都是為了自己後代，以提高卵的出生存活率而設，正可以應驗一句話——「天下的母愛都是一樣的」。

1. 在樹幹上咬出產卵孔。

2. 轉身後產卵管對準孔洞開始產卵。

3. 一道毫不起眼的小痕跡。

4. 打開樹皮後，裡面竟藏白色卵粒。

1.產卵管插入枯枝條的薄翅蟬。

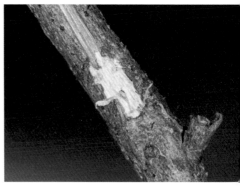

2.撥開樹皮，可看到卵被藏在樹幹內。

1.泥壺蜂為後代建築的泥城堡。

2.泥城堡內，不僅有卵（褐色），還有備存了孵化後幼蟲的食物。（綠毛蟲）

1.長臂金龜為卵建造的巢室。

2.打開後有雪白的卵粒安置其中。

1. 像是個毫不起眼的石塊竟是台灣大蝗蟲的卵塊。

2. 剝開附著在上面的泥土，清楚看到一粒粒卵黏著在一起。

1. 眉紋蟋蟀正將產卵管插入土中。

2. 在土中的卵粒，會受到較完善的保護。

1. 正在產卵的台灣山窗螢。

2. 不久後，又移到另一角落產下數十粒卵。

祕 雕怪螳

▲痀僂駝背的螳螂，其實是空間不夠大所造成的結果。

　　喜歡看布袋戲的朋友可能會有點印象，早期有部名為《六合三俠傳》的布袋戲，劇中有位武功高強、心地善良，面貌卻是其貌不揚，吊眼駝背、嘴歪暴牙，走起路來一拐一拐駝背模樣的人物，這特異造型的戲偶被人稱為祕雕（台語音唸「必雕」）的異人。

　　在螳螂的世界裡也有這麼一號「祕雕」人物，牠的出現在於每當蛻皮失敗，就會呈現頭胸彎曲變形，其模樣與布袋戲中的祕雕有幾分神似，

同樣長得醜陋，卻沒有戲偶中的那般武功高強，因為一旦成為祕雕螳螂，終身成了瘸子，若發生在捕捉足，那麼這雙捕食利器將不再強悍無比，反而成為手無縛雞之力的軟腳蝦，失去捕食與防禦等生存的基本能力，一旦遇到天敵，不再有神功庇佑的「變形祕雕螳螂」，難逃生命提前結束的厄運。

　　究竟是哪一個環節出問題，螳螂會出現蛻皮失敗的狀況？根據多年來長期的野外紀錄與人工飼養觀察心

得，這樣的慘案幾乎只在人爲疏於照顧的情況下發生。因爲野外自然環境中成長的螳螂，無論溫度、濕度皆適宜，沒有太多的人爲干擾，至少目前爲止，並沒有親眼目睹過變形螳螂。反倒是在人工布置的環境裡，處處空間不足、溫濕度不佳，加上食物來源不是那麼充裕，在各種條件明顯不足情況下，螳螂出現蛻皮失敗身軀變形的機會就會增加。

　　個人認爲除了溫、濕度因素外，空間大小是影響蛻皮的重要因素之一，回想螳螂蛻皮過程，舊皮脫到腹部末端時，身體往往已經向下垂吊

了，舊皮與新個體間會呈「T」字狀姿勢，這時候位於下方的空間就非常重要，長度不足，新個體就會碰撞到飼養盒底端，加上剛脫下皮的軀體柔軟，碰到堅硬物體身體就會隨著彎曲伸展，一旦身體硬化固定後，身體呈扭曲變形，這就是祕雕螳螂的由來。

　　多少空間才是螳螂蛻皮成長的安全距離？這與牠漲大的體型有直接相關，預估至少需要原體長的 1.75 倍以上是最安全的距離，例如一隻體長 5 公分的螳螂，下方至少要有 8.75 公分長，這樣的空間才可以讓螳螂安心居住，大幅增加蛻皮的成功率。因

1. 體型巨大的台灣大刀螳螂舊皮黏在腳部。

此飼養螳螂的朋友們該注意，千萬不要只因喜愛牠，即任意抓取或胡亂飼養，真要養螳螂，應有愛護、負責之心，學習尊重小生命，讓螳螂在健康無慮的環境下順利成長，這不就是當初飼養的最終目的嗎。

2. 即使舊皮除去，變形的腳已經無法支撐身體與站立。

3. 空間長度嚴重不足，導致胸部呈 L 形彎曲。（台灣寬腹螳螂）

4. 不僅胸部，觸角、捕捉足也扭曲變形，造成螳螂無法捕獲獵物。（台灣寬腹螳螂）

5. 羽化失敗翅殘的雄螳螂，仍然有機會與健康的雌螳螂進行交配。（台灣大刀螳螂）

Chapter3

台灣尋螂記

螳螂界法老王
魏氏奇葉螳

動物界／節肢動物門／昆蟲綱／螳螂目／螳螂科 Mantidae／奇葉螳屬 Phyllothelys

學　　名	*Phyllothelys werneri*
別　　名	椎頭螳螂
體型大小	50～70mm，屬於中型螳螂
棲息環境	低、中海拔山區
尋覓地點	埔里郊區、仁愛鄉萬大發電廠、八仙山國家森林遊樂區
採集方式	1. 螵蛸採集：雌螳螂通常將螵蛸產於小樹枝條分岔處
	2. 個體採集：成蟲有趨光性，出沒於低、中海拔山區
飼養方式	1. 一齡若螳以果蠅或幼蟲餵養
	2. 二齡之後以果蠅及櫻桃紅蟑螂餵養到成蟲

珍貴稀有的魏氏奇葉螳準備交配中。（上雄、下雌）

MANTIS OBSERVATION

在梅樹枝條上尋獲魏氏奇葉螳螵蛸。
（仁愛鄉）

從孵化的空螵蛸孔洞判斷，魏氏奇葉螳螵蛸只會孵出十隻左右的小螳螂。（八仙山國家森林遊樂區）

想不到採集回來的螵蛸尚未孵化，卻先被螳小蜂寄生且鑽出個小洞，所幸有小螳螂存活，仍破螵蛸而出。

二小時後小螳螂體色由褐色轉為黑褐色。

靜置不動的三齡若蟲，在準備下一階段的脫皮蛻變。

把三齡若蟲舊皮脫至腹部最末端，同時露出四齡若蟲新個體。

約經過二十五分鐘，左右扭動身體向前爬行，離開了三齡舊皮。

四齡若蟲習慣把腹部折往腹背彎曲。

五齡若蟲的捕捉足內側深藍、黃色相間塊斑特徵清晰可見。

雄性魏氏奇葉螳頭頂有彎曲波浪狀犄角。

雌性頭頂犄角彎曲不明顯。

頭頂上的犄角，有可能因蛻皮時，受到擠壓而造成歪斜的畸形狀。

翅膀上的黑色小碎斑，是雌雄魏氏奇葉螳前翅翅面上的特徵。

大刀王
台灣大刀螳螂

動物界 / 節肢動物門 / 昆蟲綱 / 螳螂目 / 螳螂科 Mantidae / 大刀螳螂屬 Tenodera

學　　名	*Tenodera aridifolia*
別　　名	枯葉大刀螳螂
體型大小	75mm ～ 98mm，屬於大型螳螂
棲息環境	平地～全台低、中海拔山區
尋覓地點	宏仁國中校園、埔里郊區、美濃黃蝶翠谷、東勢林場、全台低海拔山區
採集方式	1. 螵蛸採集：咸豐草莖上、小枯枝條、藤蔓枝條、各類葉片下、電線杆、涼亭屋頂
	2. 個體採集：成蟲有趨光性，出沒於平地到低、中海拔山區
飼養方式	1. 一齡若螳以果蠅或幼蟲餵養
	2. 二齡之後以果蠅及櫻桃紅蟑螂能餵養到成蟲

不同環境所產下的大刀螳螂螵蛸，因附著地的差異，雌螳螂所產下的螵蛸外觀型態也不盡相同。

雄螳螂抱住雌螳螂，腹部側彎開始進行交配。

產卵中的雌性台灣大刀螳螂。

台灣大刀螳螂的卵粒是條狀橙黃色。

利用堅硬的「脊頸囊」，鑽出螵蛸。

跳出螵蛸的台灣大刀螳螂「前若蟲」。

第二隻「前若蟲」跟著出來。

雙雙往螵蛸外躍下。

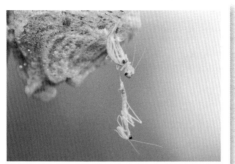

前若蟲脫下身上的「胚蔽膜」，呈現幼螳的頭胸腹、觸角與六隻腳特徵。

孵化成功爬回螵蛸上的台灣大刀小螳螂。

脫下「胚蔽膜」的小螳螂，體色是淡黃色。

不到二小時，變成褐色。

有些前若蟲卡在螵蛸出口外因而死亡。

蛻皮成功得以順利成長。（六齡若蟲）

野外咸豐草莖上台灣大刀螳螂螵蛸。（東勢林場）

羽化失敗外觀扭曲變形，造成多重器官發育不全。

褐翅綠胸型的大刀螳螂前胸背板是綠色。（雌蟲）

潛伏在草叢上的綠色型雌性大刀螳螂。（雌蟲）

吃完獵物後，一定會用口器把捕捉足舔洗乾
淨。

羽化成功，成蟲有一對翅膀。

台灣大刀螳螂有多種型態，圖為褐色型的
大刀螳螂。（雄性）

褐翅黃胸型的大刀螳螂在前胸背板末端呈現黃褐
色。（雌蟲）

新市鎮內的住民
薄翅大刀螳螂

動物界 / 節肢動物門 / 昆蟲綱 / 螳螂目 / 螳螂科 Mantidae / 螳螂屬 *Mantis*

學　　名	*Mantis religiosa*	
別　　名	薄翅螳螂	
體型大小	50 ～ 70mm，屬於中型螳螂	
棲息環境	平地～全台低、中海拔山區	
尋覓地點	高雄市青埔站都市重劃區	
採集方式	1. 螵蛸採集：咸豐草枯枝條上，藤蔓枝條	
	2. 個體採集：成蟲有趨光性，出沒於干擾性少的平地	
飼養方式	1. 一齡若螳以果蠅或幼蟲餵養	
	2. 二齡之後以果蠅及櫻桃紅蟑螂餵養到成蟲	

在重劃區內，果真找到了褐色橄欖狀的薄翅大刀
螳螂螵蛸。（高雄市）

MANTIS
OBSERVATION

移走小枝條，像法式麵包的模樣非常討喜。

體型較大的雌性綠色型薄翅大刀螳螂。

雄性褐色型薄翅大刀螳螂體型修長，翅膀邊緣兩側有黑色長條紋。

雌性薄翅大刀螳螂的捕捉足基部有一個藍黑色塊斑及黃色小點斑。

雄性捕捉足基部藍黑色塊斑呈眼狀，中央是粉紅圓形斑、腿節內側有黃色大圓斑。

褐色的一齡若蟲頭部後方兩側，有二個黑色小點斑。

蛻變二齡若蟲後，體色變淡，頭頂的黑色點斑也消失。

淺褐色型五齡若蟲。

淡綠色型五齡若蟲。

蛻皮成長的綠色型六齡若蟲。

因蛻皮空間不足，造成頭胸彎曲的淺褐色型六齡若蟲。

終齡若蟲有明顯的翅芽。

在腹部的體背上還有兩條黃色長條紋，貫穿腹部上的體節。

即將羽化的終齡若蟲，四處攀爬尋找適當的
位置來進行蛻變。

蛻變雄螳螂後，尾隨雌螳螂後方準備進行交
配。

完全不同種類的螵蛸比較。（左台灣
大刀螳螂、右薄翅大刀螳螂）

沒有準確跳上雌性體背的雄性薄翅螳，緊急勾住雌螳螂
的捕捉足以防止雌螳螂獵捕，但雌螳螂仍然開始咬食螳
螂的觸角，同樣面臨了被捕食的危機。

半翅螳螂
異脈大刀螳螂

動物界 / 節肢動物門 / 昆蟲綱 / 螳螂目 / 螳螂科 Mantidae / 半翅螳螂屬 *Mesopteryx*

學　　名	*Mesopteryx alata*
別　　名	翼胸半翅螳螂
體型大小	80mm ～ 11mm，屬於大型螳螂
棲息環境	低海拔山區
採集方式	螵蛸採集：人工飼養，觀察螵蛸型態
飼養方式	1. 一齡若螳以果蠅或幼蟲餵養
	2. 二齡之後以果蠅及櫻桃紅蟑螂餵養到成蟲

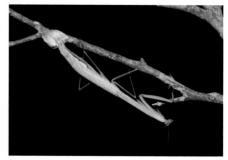

產卵中的異脈大刀雌螳。

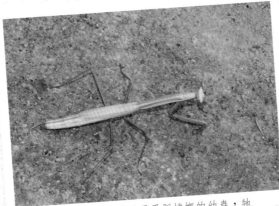

別因翅膀短小而誤以為這是異脈螳螂的幼蟲，牠可是正港的雌性成蟲，翅膀長度只有腹部的一半，是分辨異脈雌雄螳螂的特徵之一。

MANTIS OBSERVATION

產卵行為受到干擾而停止，造成螵蛸形態不完整。

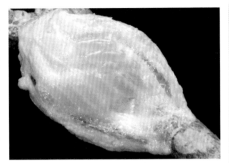

異脈大刀螳螂卵呈淡黃色條狀。

人工飼養過程雌螳螂會集中產下螵蛸。

異脈大刀螳螂若蟲型態像根小樹枝。

發現有外物接近立刻平仆於樹枝上。（五齡若蟲）

體型修長的終齡若蟲。

若蟲腿節有二～三個黑色斑點。

155

同一般螳螂，異脈大刀螳螂若蟲的翅芽服貼於胸節處。

蛻變雄螳螂後，翅膀兩側有黃綠條斑。

近看雌性的翅膀確實只有覆蓋到腹部 2 / 3 而已。

寬扁倒三角頭與細長的胸部是異脈大刀螳螂的重要辨識特徵。

雌性異脈大刀螳螂（左）的體長明顯比雌性台灣大刀螳螂（右）長多了。

雄性異脈螳螂的翅膀明顯較雌性長了許多，但在整個翅膀長度，仍然無法覆蓋腹部最末節及尾毛等構造。

蟻之螳
台灣花螳螂

動物界 / 節肢動物門 / 昆蟲綱 / 螳螂目 / 花螳螂科 Hymenopodidae /
齒螳屬 *Odontomantis*

學　　名	*Odontomantis planiceps*	
別　　名	綠大齒螳	
體型大小	20mm ～ 30mm，屬於小型螳螂	
棲息環境	平地～全台低、中海拔山區	
尋覓地點	埔里郊區、西湖渡假村、大坑風景區、東勢林場	
採集方式	1. 螵蛸採集：蕨類葉背、相思樹葉背、雞蛋花樹幹、圍籬欄杆上、低海 　　拔山區路邊的反光鏡	
	2. 個體採集：成蟲有趨光性，出沒於低、中海拔山區	
飼養方式	1. 一齡若螳以果蠅或幼蟲餵養	
	2. 二齡之後以果蠅及櫻桃紅蟑螂餵養到成蟲	

交配中的台灣花螳螂。（左雄、右雌）

長得像螞蟻的台灣花螳螂一齡若蟲。

MANTIS
OBSERVATION

樹幹上的螵蛸。（西湖渡假村）

台灣花螳螂卵粒呈淡黃色。

裸露的卵仍然有機會孵化出小螳螂。

剛孵化的一齡若蟲有黑色複眼、淡褐體色。

二小時後身軀漸變為黑褐色。

剛蛻皮的二齡若蟲呈朱紅色，腹背有黑色條紋圍繞。

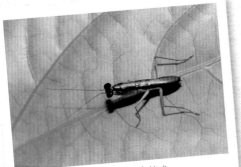

成熟的二齡若蟲身體底色為棕色。

三～四齡若蟲身體呈黑、紅、棕且帶點綠色，體色相當鮮明。

進入終齡若蟲，體色變為較單一的綠色。

雌性台灣花螳螂身形較寬大。

細長身形的雄蟲其飛行能力較強。

在低海拔的朴樹上，發現為數不少的終齡若蟲占據葉面棲息。

159

小刀超可愛
棕汙斑螳螂

動物界／節肢動物門／昆蟲綱／螳螂目／螳螂科 Mantidae／汙斑螳螂屬 *Statilia*

學　　名	*Statilia maculata*
體型大小	50～70mm，屬於中型螳螂
棲息環境	低、中海拔山區
尋覓地點	埔里、仁愛鄉
採集方式	1. 螵蛸採集：各類樹木枝條、葉背、水泥牆
	2. 個體採集：成蟲有趨光性，出沒於低、中海拔山區
飼養方式	1. 一齡若螳以果蠅或幼蟲餵養
	2. 二齡之後以果蠅及櫻桃紅蟑螂餵養到成蟲

棕汙斑螳螂的捕捉足有深藍、黃、紅等塊斑。

MANTIS OBSERVATION

產於樹幹凹洞內的螵蛸。（仁愛鄉）

在石壁角落尋獲螵蛸。（埔里）

在涼亭木板接合處的空螵蛸。（苗栗）

產於葉背下的螵蛸。（埔里）

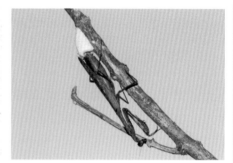

產卵中的棕汙斑雌螳螂。

可以隱約看到螵蛸內橙黃色的卵粒。

產卵完成。

161

棕汙斑螳螂螵蛸特寫。

孵化中的螵蛸。

剛孵化的一齡若蟲呈半透明狀，腹部有黑色條斑。

一天後體色變黑，腿部有黑白相間斑紋。

二齡若蟲體色呈灰褐色。

棕黑色的四齡若蟲。

黃褐體色的六齡若蟲。

終齡若蟲翅芽。

剛蛻皮皺成一團的翅膀。

展翅後的翅膀。

成熟後黃褐色型棕汙斑雄螳螂。

體型較大的黃褐色型棕汙斑雌螳螂。

綠色型棕汙斑雌螳螂。

黑褐色型棕汙斑雌螳螂。

變色龍
寬腹螳螂

動物界 / 節肢動物門 / 昆蟲綱 / 螳螂目 / 螳螂科 Mantidae / 斧螳螂屬 Hierodula

學　　名	*Hierodula patellifera*
體型大小	60mm～70mm，屬於中型螳螂
棲息環境	平地～低、中海拔山區
尋覓地點	埔里、仁愛鄉、台北淡水、花蓮、美濃黃蝶翠谷、東勢林場
採集方式	1. 螵蛸採集：各類樹木枝條、電線杆、涼亭屋頂、水泥牆壁
	2. 個體採集：成蟲有趨光性，出沒於低、中海拔山區
飼養方式	1. 一齡若螳以果蠅或幼蟲餵養
	2. 二齡之後以果蠅及櫻桃紅蟑螂能餵養到成蟲

綠色型雄蟲與褐色型雌蟲進行交配。

巨大的捕捉足與胸部腹面的愛心狀塊斑是寬腹螳螂的主要特徵。

櫻花樹幹上的螵蛸。（仁愛鄉）

MANTIS OBSERVATION

產在生鏽鐵器上的螵蛸。（埔里）

剛孵化的淡黃色一齡若蟲。

一天後體背呈橄欖綠，後腿有黑白相間斑。

綠色型四齡若蟲腿節有水滴狀點斑。

橄欖綠色型四齡若蟲。

淡青色型四齡若蟲。

體背褐紋型四齡若蟲。

淡粉色型四齡若蟲

褐色型四齡若蟲。

翅芽膨脹即將羽化。

淡褐色身軀內藏綠色翅芽。

脫下舊殼，接著進行羽化展翅。

167

一對綠色型寬腹螳螂。

褐色型寬腹螳螂雌蟲。

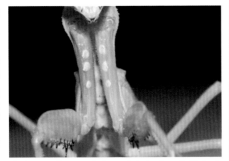

在捕捉足左右基節處，通常各具三粒黃色水滴狀點斑。

黃色點斑會因個體差異而不同，此寬腹螳螂在大黃點斑附近還有許多小黃點。

右邊捕捉足具二大一小黃色點斑。

左邊捕捉足具二大一小黃色點斑。

雄螳螂腹部最末端呈弧狀。

雌螳螂腹部最末端另有個生殖開口。

產卵過程受到干擾，會中止產卵行為。

受到強烈移動的干擾，產下的螵蛸形狀怪異。

一齡若蟲在食物缺乏情況下，會捕食同齡的小螳螂。

休息中的寬腹若蟲。

螂界斧頭幫

台灣寬腹螳螂

動物界 / 節肢動物門 / 昆蟲綱 / 螳螂目 / 螳螂科 Mantidae / 斧螳螂屬 *Hierodula*

學　　名	*Hierodula formosana*
體型大小	70mm ～ 95mm，屬於大型螳螂
棲息環境	低、中海拔山區
尋覓地點	仁愛鄉、苗栗、埔里
採集方式	1. 螵蛸採集：各類樹木枝條、電線杆
	2. 個體採集：成蟲有趨光性，出沒於低、中海拔山區
飼養方式	1. 一齡若螳以果蠅或幼蟲餵養
	2. 二齡之後以果蠅及櫻桃紅蟑螂餵養到成蟲

像似害羞掩面的台灣寬腹雄螳螂，其實是利用腿節上的細毛在刮取頭上髒東西。

產於青楓樹莖上的螵蛸。（仁愛鄉）

MANTIS
OBSERVATION

台灣肖楠枝條上的螵蛸。（埔里）

產於梅樹上的螵蛸。（仁愛鄉）

正在孵化的台灣寬腹小螳螂。

剛孵化的一齡幼螳，頭胸、捕捉足呈半透明狀、腹部體色是淡黃色。

一天後體色變黑，捕捉足腿節內側出現黑點特徵。

平貼雜草上的黃綠色二齡若蟲。

警戒中的三齡若蟲。

綠色型終齡若螳。

不同體色的台灣寬腹螳螂交配中。（上雄、下雌）

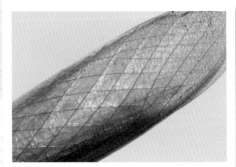

雄螳螂網狀翅膀狹長且透明。

雌螳螂翅型較寬大，沒有透明狀。

行走在步道上的台灣寬腹雄螳螂。

躲藏在葉片下的台灣寬腹雌螳螂。

台灣寬腹雄螳螂有強烈的趨光行為，常受燈源吸引前來，可能停在樹梢上，也可能短暫停留於地面。

■ 台灣寬腹螳螂與寬腹螳螂的形態差異比較

台灣寬腹螳螂	寬腹螳螂

胸部背板

胸部細長

胸部寬扁

胸部腹面

胸部腹面呈紅色

胸部腹面為紅色心形塊斑

捕捉足腿節

腿節內側下緣有數個黑色斑點

腿節內側下緣無黑色斑點

捕捉足基節

基節內側具鋸齒狀小突起

左右基節內側各有三個黃色點斑

台灣最小螳

微翅跳螳螂

動物界／節肢動物門／昆蟲綱／螳螂目／螳螂科 Mantidae／異跳螳螂屬 *Amantis*

學　　名	*Amantis nawai*
別　　名	名和異跳螳螂
體型大小	15mm ～ 20mm，屬於小型螳螂
棲息環境	低海拔山區
尋覓地點	知本森林遊樂區、埔里
採集方式	1. 螵蛸採集：各類小樹枝條上、葉背、石縫下
	2. 個體採集：出沒於低、中海拔山區步道
飼養方式	一齡若螳以果蠅或幼蟲餵養到成蟲

台灣最小、最像螞蟻的微翅跳一齡若蟲。

產在蕨類葉背的螵蛸。（埔里）

MANTIS
OBSERVATION

175

不到 0.5 公分大的螵蛸,竟也被寄生性蜂類鑽出二個小孔洞。(埔里)

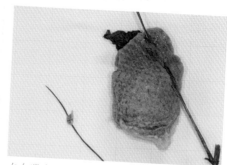

在台灣大刀螳螂螵蛸(右)旁,顯出微翅跳螳螂螵蛸(左)的渺小。

體型大約只有 0.3 公分大的一齡若蟲,號稱是台灣體型最小的螳螂。

即使蛻皮成了二齡若蟲,體型似乎沒見增長多少。

在潮濕的溪水旁偶遇五齡若蟲。

由於體型小,一旦躲於植物葉背,很難發現牠的蹤跡。

微翅跳螳螂頭部特寫。

微翅跳螳螂雖然有翅膀，然而翅膀的模樣跟一般螳螂若蟲的翅芽很像，小且服貼於胸部背板。

在步道上覓食的黑褐色型微翅跳雌螳螂。

大腹便便即將生產的褐色型雌螳螂。

雄性微翅跳螳螂擁有一對深藍色的捕捉足。

微翅跳螳螂還有一類少見的長翅型雄螳螂。

擬態高手
台灣樹皮螳螂

動物界 / 節肢動物門 / 昆蟲綱 / 螳螂目 / 攀螳螂科 Liturgusidae /
樹皮螳螂屬 *Theopompa*

學　　名	*Theopompa ophthalmica*
別　　名	樹皮螳螂
體型大小	40mm ～ 50mm，屬於中型螳螂
棲息環境	低海拔山區
尋覓地點	埔里、仁愛鄉
採集方式	1. 螵蛸採集：目前尚無採集到野生螵蛸
	2. 個體採集：成蟲有趨光性，出沒於低、中海拔山區
飼養方式	1. 一齡若螳以果蠅或幼蟲餵養
	2. 二齡之後以果蠅及櫻桃紅蟑螂餵養到成蟲

台灣產樹皮螳螂（雄）擁有一身驚人的擬態樹皮
功夫。（仁愛鄉）

與樹皮融合為一體的一齡若蟲。

MANTIS
OBSERVATION

四處張望，警覺性很高的一齡若蟲。

在樹幹上脫下一齡若蟲的皮殼。

螞蟻行走在樹幹上，很快地就被棲息在上面的一齡若蟲捕食。

二齡若蟲胸部有淺綠青苔紋，腹面有黑色眼狀斑。

三齡若蟲。

終齡若蟲體色融入樹幹的青苔紋。

寬扁微短的胸部是樹皮螳螂特徵。

捕食蟑螂的終齡若蟲，可見鮮豔的斑紋。

停棲在草地上的樹皮螳螂，反而顯得格外醒目。

裝死求生的螳螂
台灣姬螳螂

動物界 / 節肢動物門 / 昆蟲綱 / 螳螂目 / 花螳螂科 Hymenopodida /
姬螳螂屬 *Acromantis*

學　　名	*Acromantis formosana*
體型大小	28mm ～ 35mm，屬於中小型螳螂
棲息環境	平地～低海拔山區
尋覓地點	埔里、仁愛鄉、大坑風景區
採集方式	1. 螵蛸採集：各類小樹枝條、葉背
	2. 個體採集：成蟲有趨光性，出沒於低、中海拔山區
飼養方式	1. 一齡若螳以果蠅或幼蟲餵養
	2. 二齡之後以果蠅及櫻桃紅蟑螂能餵養到成蟲

一副像在跪地祈禱的台灣姬螳螂（雌），
可愛極了。

交配中的台灣姬螳螂像似兩片重疊的葉片。
（左雄右雌）

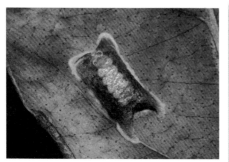

產在葉背的台灣姬螳螂螵蛸，乍看之下其模樣還蠻像速食店販售的蘋果派。（仁愛鄉）

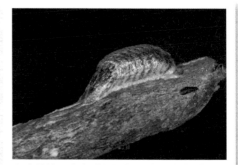

產在樹枝上的台灣姬螳螂螵蛸。（埔里）

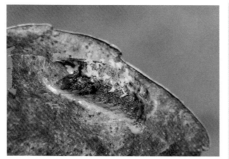

孵化後在螵蛸表面留下「胚蔽膜」殘骸。

體色黝黑的一齡若蟲。

二齡若蟲體色變成褐色。

常舉起捕捉足像樹枝般不動的三齡若蟲。

終齡若蟲。

翅芽膨脹，即將羽化成螳螂。

身體垂降蠕動，進行羽化的蛻變。

露出頭胸部、觸角。

終齡舊皮支撐著新個體。

蛻下皮後皺褶的翅膀。

轉身後翅膀開始逐漸撐開。

即將完成展翅。

展翅成功的翅膀還帶點透明狀。

黑翅型雄螳螂。

褐色型雌螳螂。

綠色型雌螳螂。

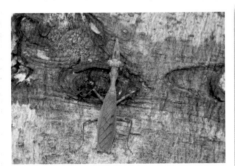

棕綠色型雌螳螂,在翅膀兩側邊緣仍有綠色特徵。

台灣姬螳螂假死的四步驟:①身體彈跳翻轉,六腳僵直不動。

②身體微微挪動，趁你不注意，快速90º 側轉。

③腹部翹起後，再90º 側轉，呈趴姿。

④一個出其不意快奔動作，把頭埋進樹葉下。

一對台灣姬螳螂發現鏡頭逐漸靠近，在短暫奔跑彈跳後雙雙翻肚假死。

危機解除後，雙雙躲入草叢完成交配。

台灣姬螳螂果然是躲藏高手，枯葉間的夾縫也是藏身之處。

Chapter4

14堂螳螂飼養觀察探究課

第1堂
螳螂的種源

動機

若想要從野外獲得種源來飼養螳螂，自螵蛸開始飼養較好，如此一來才能養出最健康且觀察到最完整的成長過程。

螵蛸或螳螂要從哪裡找呢？其實尋找螳螂一點都不難，只要你熱愛螳螂，即便在模糊不確定的線索下，走出戶外，無論是尋覓的路途中、住過的民宿，經過的雜林小徑等都是螳螂可能出現的地方。靠著敏銳的雙眼巡視、膽大心細用手翻找，很快就能找到心目中的螳螂了。

目的

1. 調查野外何處可以尋獲螳螂。
2. 觀察居家附近何處可以尋獲螳螂。

步驟

1. 前往螳螂較常出現的草叢、樹林、住家與學校、路燈下，調查可能產下螵蛸的位置場所。
2. 記錄所觀察到的螵蛸種類與螵蛸位置。

▲在野外向陽的雜草林地可以尋覓到台灣大刀螳螂螵蛸。

結果

1. 森林中有陽光的地方、公園涼亭柱子或座椅下、樹幹、枯枝條、葉片、電線桿、牆壁等範圍，都發現了螵蛸的蹤跡。
2. 本實驗紀錄到寬腹螳螂、台灣大刀螳螂、台灣花螳螂、棕汙斑螳螂、台灣寬腹螳螂等五種螳螂螵蛸。
3. 螳螂螵蛸間的距離相近，所以只要發現一粒螵蛸，通常在附近就很容易發現到第二粒螵蛸。

▲公路旁的大花咸豐草上尋獲台灣大刀螳螂螵蛸。

▲產在枯樹枝上的棕汙斑螳螂螵蛸。

▲產在電線桿上的寬腹螳螂螵蛸。

▲在校園台灣欒樹樹幹上的寬腹螳螂螵蛸。

▲在圍籬木板上的台灣花螳螂螵蛸。

▲在電纜線上的棕汙斑螳螂螵蛸。

▲在竹子葉片下的台灣花螳螂螵蛸。

▲停在教室紗窗上的寬腹螳螂。

◀爬在葉片上的寬腹小
螳螂較容易被發覺。

第2堂
食餌的準備

動機 一齡若蟲的生存率相較其他若蟲階段其實是很低的,各方面因素都有可能是造成若蟲死亡的原因,其中食物補給量充足與否是重要因素之一!為了讓數量眾多的小螳螂隨時有食物可吃,大量培育果蠅是飼養螳螂前的重要工作。

▲果蠅是小體型螳螂的重要食物來源。

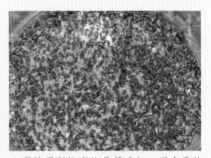
▲實驗用所培育的是種殘翅,不會飛的變異種。

目的 培育果蠅,成為小螳螂的食物。

步驟

1. 準備麥片、地瓜粉、酵母粉、黑糖、白醋等,依製作之需求多寡,自取適當分量,加水攪拌均勻即可。

2. 準備量杯(取同量)、透明飲料杯(可觀察並裝取調配物)、漏斗、調味罐、飼養箱(裝取果蠅)等簡單器具,讓果蠅可快速在透明飲料杯內繁殖。

3. 上述果蠅食物,除了提供果蠅幼蟲養分以快快成長茁壯外,糖分可讓果蠅獲得更多能量,醋可讓這些混合物暫時發霉。

4. 本實驗參考陳佩甫先生所提供的飼養配方與無翅果蠅為培育種原。

步驟

1. 準備各類食材。

2. 將調配好的食材加水攪拌均勻。

3. 將製作完成的食物培養基分裝至透明杯內。

4. 接著準備調味罐、漏斗、飼養箱。

5. 先將果蠅倒入調味罐內。

6. 接著把果蠅擠入培養杯內並寫上製作日期。

7. 果蠅開始在培養基內產卵。

結果

1.三～四天後果蠅死亡。

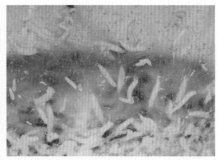

2.一週後培養基上布滿果蠅幼蟲。

3.這些果蠅幼蟲馬上就可用來餵養稀有的台灣樹皮螳螂。

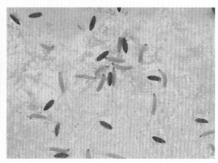

4.培養基內成熟的果蠅幼蟲會紛紛爬到盒子邊上化蛹。

5.二～三天後羽化成為果蠅。

6.打開蓋子，漏斗蓋上，並將調味罐套在出口處開始收集果蠅。

7. 下方不會飛的果蠅開始往上爬。

8. 不到幾秒時間即爬上了培養罐。

9. 收集好果蠅後,立刻拿來餵食。

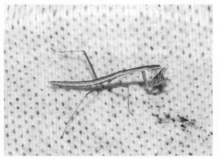

10. 一齡若蟲一抓到果蠅就往嘴裡送。

11. 當培養基乾燥無任何養分即不適合繼續培養果蠅,需重新調配新的培養基。

12. 香蕉也適合用來培育果蠅。

第 3 堂
人工飼養課

動機　除了果蠅，還有哪些昆蟲是螳螂愛吃的種類呢？還有小螳螂會吃大獵物嗎？或者大螳螂會抓小獵物嗎？

▲令人好奇，小螳螂會獵捕體型比牠大二倍的昆蟲嗎？

▲除了食肉，餵食水果好像是另一種選擇。

目的　探討螳螂喜歡吃的昆蟲獵物。

步驟
1. 準備會飛的果蠅、蒼蠅、蚊子、紋白蝶（成蟲）、蛾（成蟲）、蜜蜂、小蚱蜢；在地上、樹上爬的蟑螂、蟋蟀、椿象、螞蟻、紋白蝶（幼蟲）、蛾（幼蟲），共十三種不同類型的昆蟲。
2. 觀察螳螂捕食的習性與攝食的喜好。
3. 本實驗以台灣花螳螂、台灣大刀螳螂、寬腹螳螂為例。

▲準備菜蟲（紋白蝶幼蟲）餵養螳螂。　　　▲蜜蜂是螳螂喜愛的食物之一。

結果

1. 螳螂喜好食物如下表，其喜好會因螳螂體型或獵物體積大小而有差異。

	果蠅	蒼蠅	蚊子	紋白蝶	蛾	蜜蜂	蚱蜢
喜好	※	※	※	※	※	※	※
體型大小	小螳螂	大或小螳螂	小螳螂	大螳螂	大或小螳螂	大螳螂	大螳螂

	蟑螂	蟋蟀	椿象	螞蟻	麵包蟲	蛾幼蟲
喜好	※	◎	＊	◎	◎	◎
體型大小	大或小螳螂	大或小螳螂	會抓但不吃	小螳螂	大螳螂	大或小螳螂

符號說明：※（非常喜愛）、◎（喜愛）、＊（不吃）

2. 十三種獵物中，以椿象最為特殊，因為螳螂有捕捉行為，但把椿象放到嘴邊時，又立刻把椿象放開了，原因可能是與椿象受到攻擊時所散發難聞的味道有關，所以不吃椿象。

3. 螳螂通常不主動吃死亡的獵物，但餵食剛死亡尚新鮮的獵物牠還是會吃。

◀寬腹螳螂吃蒼蠅。

▲台灣大刀螳螂吃蟑螂。

▲各種蝴蝶是螳螂的最愛,吃完身體後就將翅膀丟棄,從遺骸來看,螳螂也不吃沒養分的翅膀。

▲大體型的螽斯,也深受大體型螳螂的喜愛。

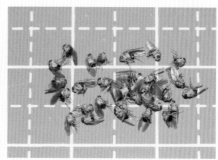

▲螳螂不吃死亡的果蠅。

▲被螳螂捕獲後又丟棄的紅姬緣椿象。

▲果蠅放入盒子後,看到小螳螂四處追捕
獵物。

▲一抓到果蠅就往嘴裡送。

▲蟋蟀也是螳螂捕食的對象。

▲帶有毒針的蜜蜂也淪為螳螂的獵物。

▲存活率高的櫻桃紅蟑螂是飼養螳螂的重
要食材。

▲適時補充水分是件極為重要的事。

▲專門用來餵養小螳螂的跳蟲。

▶考量自身實力不足的小
螳螂最終選擇默默離開。

第4堂
螳螂的生存率與野放課

動機 養過螳螂的人應該都有經驗，當一、兩百隻小螳螂孵化後，通常不到幾日便會死掉一大半，或許是集體飼養關係，也可能是齡數大小不一的若蟲混養、空間不足等，為得知是否還有其他因素，本實驗透過人為飼養，嘗試推估螳螂若蟲的存活率。

▲疏於照顧而死去大半的台灣大刀螳螂一齡若蟲。

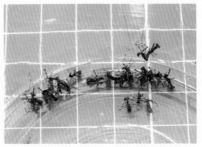

▲集體飼養通常也會造成大量棕汙斑螳螂死亡。

▲食物不充裕時，常發生相互捕食的悲劇。

▲不同種類的螳螂混養，出現大吃小的弱肉強食情況。（寬腹螳螂吃台灣姬螳螂）

目的 記錄螳螂成長過程的存活機率，與探討放生的意義。

步驟

1. 藉由人為飼養螳螂過程，記錄螳螂的存活率。
2. 由存活率計算出螳螂族群生存曲線。
3. 在人為飼養率低的情況下，將孵化出的若蟲野放回原採集地。
4. 本實驗以台灣大刀螳螂為例。

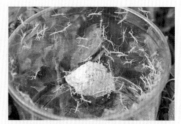

▲將剛孵化的台灣大刀螳螂若蟲進行野放。

結果

1. 依存活的若蟲得知，從活率分別是 26%、63%、90%、100%、79%、80%、100%、92%、90%。
2. 從上述數據得知，一齡若蟲是決定生存的關鍵，二齡蟲之後存活率逐漸提升。
3. 野放回原來的出生地，可以提升從活率，才能讓螳螂永續生存。

	一齡若蟲	二齡若蟲	三齡若蟲	四齡若蟲	五齡若蟲	六齡若蟲	七齡若蟲	八齡若蟲	九齡若蟲	成蟲
孵化與存活數	251隻	66隻	42隻	38隻	38隻	30隻	24隻	24隻	22隻	20隻
存活率	26	63	90	100	79	80	100	92	90	

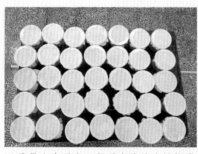

▲準備小布丁盒，留下少許的小螳螂當種源。

▲把大多數螳螂帶回原產地放生才是正確的決定。

◀集中飼養會有相互攻擊
的情形。(台灣大刀螳螂)

▲快速爬離回歸大自然的小螳螂。　　▲大多數的小螳螂都躲藏到葉片下。

第 5 堂
螳小蜂寄生螵蛸

動機

觀察過很多螳螂螵蛸被螳小蜂寄生的例子,心裡總有疑惑,螳小蜂為何能穿過螵蛸表面泡沫海綿狀膠質的保護而產卵寄生?因此想瞭解螳小蜂的產卵管與寄生的關係。

▲棕汙斑螳螂螵蛸被螳小蜂鑽的千瘡百孔。

▲薄翅螳螂螵蛸被螳小蜂鑽出的孔洞。

目的

1. 測量螳小蜂體長與產卵管的長度。
2. 探討被螳小蜂寄生的螵蛸為何還能孵化小螳螂。

步驟

1. 取一個剛被中華螳小蜂寄生的台灣大刀螳螂螵蛸,將螳小蜂留在透明盒內以進行實驗。
2. 使用鐵尺測量中華螳小蜂的體長及產卵管長度,並依照數據做出圖表分析。
3. 取台灣大刀螳螂、寬腹螳螂、棕汙斑螳螂等三種螳螂的空螵蛸各一個,用美工刀將被寄生的螵蛸縱切,觀察螵蛸內的寄生情況。
4. 接著將上述三種螵蛸橫切,測量泡沫海綿狀膠質的厚度,以分析泡沫海綿狀膠質與螳小蜂產卵管間的關係,實驗操作過程如下圖:

1. 剛從台灣大刀螳螂螵蛸鑽出的中華螳小蜂。

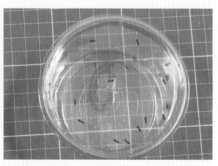

2. 取出螵蛸留下中華螳小蜂。

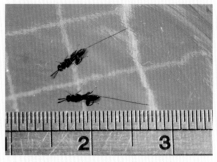

3. 測出雌性螳小蜂產卵管長約 0.6cm。

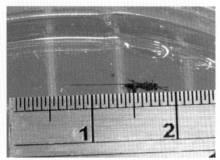

4. 測量產卵管長約 0.65cm。

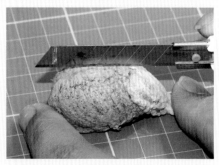

5. 使用美工刀將螵蛸縱切觀察內部被寄生情形。

6. 橫切三種不同螵蛸，測量海綿狀泡沫膠質的厚度。

結果

1. 從螵蛸的外觀上並不容易觀察到被中華螳小蜂寄生的特徵，直到螳小蜂羽化後，才看到螵蛸表面有一個個的羽化小洞。

2. 雄性中華螳小蜂並沒有產卵管，而雌性中華螳小蜂的體長約 0.3～0.5cm，產卵管長度約在 0.5～0.7cm。台灣大螳螂螵蛸泡沫厚度約 0.5～0.6cm、棕汙斑螳螂螵蛸泡沫厚度約 0.1cm、寬腹螳螂螵蛸泡沫厚度 0.2cm。因此中華螳小蜂可以很輕易的將產卵管插入螵蛸內，將卵產在裡面，孵化出的中華螳小蜂幼蟲，就以螵蛸內的卵為食。

3. 另外在螵蛸內發現中華螳小蜂的蛹，因此螳小蜂的成長需經過卵→幼蟲→蛹→成蟲等四個階段，是一種完全變態的昆蟲。

	樣本 1	樣本 2	樣本 3	樣本 4	樣本 5	樣本 6	樣本 7	樣本 8	樣本 9	樣本 10	樣本 11	樣本 12	樣本 13	樣本 14	樣本 15
體長	0.4	0.4	0.4	0.5	0.3	0.4	0.4	0.4	0.4	0.4	0.4	0.3	0.4	0.4	0.4
產卵管長	0.6	0.65	0.6	0.7	0.5	0.65	0.65	0.65	0.6	0.6	0.6	0.6	0.6	0.5	0.6

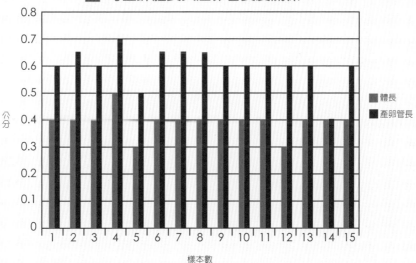

寄生蜂體長與產卵管長度關係

分析：從圖表中得知體長越長，產卵管也越長。

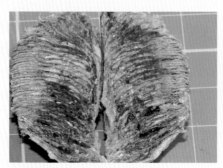

1. 剖開的螵蛸內有條狀狹長的卵室。

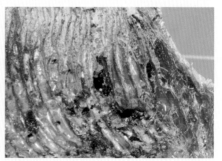

2. 近看有一區破了個大洞，這應該是螳小蜂寄生與鑽出去的地方。

3. 中華螳小蜂的蛹約 25mm。

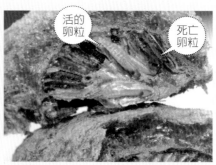

活的卵粒

死亡卵粒

4. 螵蛸內黑色的部分是被寄生死亡的卵粒，橙黃色是存活的卵且即將孵化為小螳螂。

5. 螵蛸的另一邊沒有被寄生，有許多存活的卵仍在慢慢發育中。

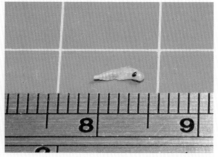

6. 看其模樣原來這些卵已經發育為前若蟲了。

7.雄性中華螳小蜂不具產卵管。

8.台灣大刀螳螂螵蛸泡沫厚度約 0.5～
0.6cm。

9.棕汙斑螳螂
螵蛸泡沫厚度約
0.1cm。

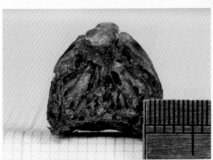

10.寬腹螳螂螵蛸泡沫厚度約 0.2cm。

第6堂
螳小蜂會寄生在螳螂身上嗎？

動機

螵蛸會被寄生，那螳螂呢？螳小蜂用產卵管插入螵蛸內達到寄生目的，但會不會也寄生在螳螂身上？我們感到好奇，希望藉由此實驗找到答案。

▲螳小蜂棲息在台灣寬腹螳螂螵蛸上。

▲剛從台灣大刀螳螂螵蛸鑽出的螳小蜂。

目的

探討螳小蜂是否會在螳螂身上寄生。

步驟

將螳螂若蟲與螳小蜂一同放在透明飼養盒裡，觀察牠們之間的互動，是否出現寄生行為。

結果

我們看到螳螂若蟲一發現螳小蜂出現，就尾隨並將螳小蜂抓住啃食，所以螳小蜂不會寄生在螳螂若蟲身上。

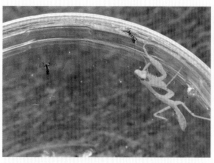

1. 在同一飼養盒內的螳螂若蟲與中華螳小蜂。

2. 螳螂若蟲發現了眼前的螳小蜂。

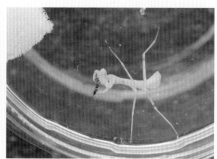

3. 尾隨在螳小蜂後面。

4. 螳螂若蟲抓住螳小蜂。

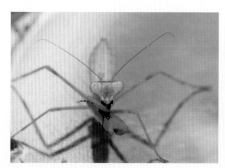

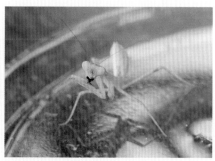

5. 立刻把螳小蜂送進嘴裡。

6. 最後把螳小蜂吃掉。

第7堂
螳螂一生要脫掉幾次皮？
脫皮需多少空間？

動機　飼養螳螂的人最想知道，螳螂從小養到大到底要脫幾次皮才能蛻變為成蟲。過程中螳螂因體型變大，飼養空間須換到多大？因此本實驗要觀察螳螂若蟲脫皮次數及計算空間大小。

▲螳螂的一生，到底脫幾次皮呢？

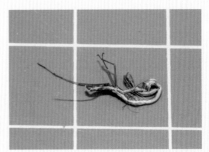

▲空間不足掉落地面而影響了脫皮。

目的　探討螳螂一生脫皮次數及脫皮時需要的空間大小。

步驟

1. 以大型的台灣寬腹螳螂、中型的魏氏奇葉螳螂、小型的台灣姬螳螂等三種螳螂當作觀察對象，記錄一齡若蟲到成蟲脫幾次皮。

2. 以二隻野外記錄到的樣本為例，畫出舊皮與新個體間的體長（含觸角），加總起來就是螳螂脫皮所需的長度距離。

3. 測量飼養箱內正在脫皮的螳螂需多少長度空間，並以螳螂的舊皮去估算新個體需要的長度空間。

4. 觀察一次完整的脫皮過程，操作過程如下圖：

▲在野外脫皮成功的台灣大刀五齡若蟲〔一〕。（從舊皮後腳到新個體觸角）

▲在野外脫皮成功的台灣大刀五齡若蟲〔二〕。（從舊皮後腳到新個體觸角）

結果

1. 台灣寬腹螳螂：一齡若蟲到羽化至少脫去八次外皮有九齡階段，總共經過 269 ～ 309 天蛻變成蟲，是一年一世代的昆蟲。

2. 魏氏奇葉螳螂：一齡若蟲到羽化，至少脫去七次外皮有八齡階段，平均每二十四天脫一次皮，總共經過 155 ～ 168 天蛻變成蟲，一年有一～二個世代。

3. 台灣姬螳螂：一齡若蟲到羽化至少脫去六次外皮有七齡階段，平均每十七天就脫一次皮，總共經過 106 ～ 117 天蛻變成蟲，一年至少有二～三個世代。

▶台灣姬螳螂所脫下的若蟲舊皮記錄。（上雄、下雌）

▲台灣寬腹螳螂所脫下的若蟲舊皮記錄。（上雄、下雌）

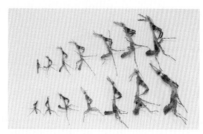

▲魏氏奇葉螳所脫下的若蟲舊皮記錄。（上雄、下雌）

4. 若蟲脫皮所需要的長度距離，為舊體長加新個體體長，約是原體長的 1.75 倍。

5. 舊皮所固定的四隻腳，必須支撐著新個體的重量，待成熟後再翻身回舊皮附近。

舊皮體長	新個體體長	總體長	原體長的倍數
2.0 公分	3.5 公分	5.5 公分	1.75 倍

6. 螳螂脫皮失敗死亡率會提高，其造成失敗的原因有很多，除了飼養空間、溫度、濕度、養分等都會影響螳螂的蛻變。

1. 在飼養盒內剛脫完舊皮的台灣寬腹螳螂六齡若蟲。

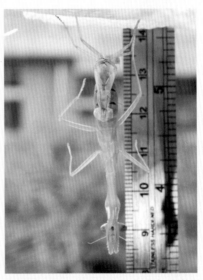

2. 需要 5.5 ～ 6.0 公分長的脫皮長度距離。

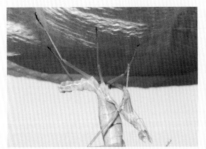

3. 舊皮的四隻腳支撐新個體重量。

4. 翻身回到原處，脫皮成功。

7. 小螳螂成功脫皮記錄的觀察

1. 若蟲身體垂降開始脫皮。

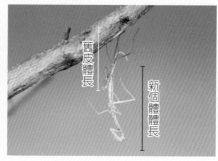

2. 舊皮退到腹部最末端。

舊皮體長

新個體體長

3. 六隻腳抓住前方樹枝。

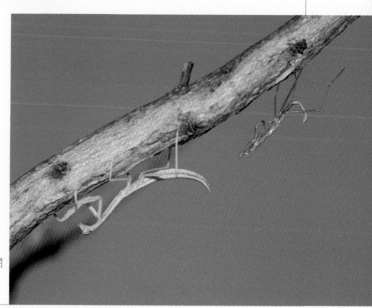

4. 向前爬行離開
舊皮。

第 8 堂
養蟲箱內飼養的螳螂體色會改變嗎？

動機 在野外我們觀察到同種螳螂有許多不同體色，很好奇這些多變體色的螳螂經人工飼養後，體色還會像野外一樣有多種變化嗎？

目的 探討養蟲箱環境改變後，螳螂體色是否也會跟著改變？

步驟
1. 將綠色型的五齡寬腹螳螂若蟲，放置在事前布置好的褐色系列環境，兩週後觀察體色是否出現變化。
2. 將褐色型的五齡寬腹螳螂若蟲，放置在事前布置好的綠色系列環境，兩週後觀察體色是否出現變化。實驗步驟如下：

1. 綠色五齡寬腹螳螂若蟲。

2. 放置在枯枝落葉的褐色環境下飼養。

1. 褐色五齡寬腹螳螂若蟲。

2. 放置在綠色環境下飼養。

結果

1. 翠綠色的寬腹螳螂若蟲在褐色環境下，體色變成較深的橄欖綠，最後變成綠褐色。

1. 原本綠色五齡寬腹螳螂若蟲。

2. 體色漸漸變成橄欖綠。

3. 最後身體變成帶點綠褐色。

2. 褐色寬腹螳螂若蟲在綠色環境下，體色變成淡綠色，最後變成黃綠色。

1. 原本褐色五齡寬腹螳螂若蟲。

2. 在綠色環境包圍下漸漸成淡綠色。

3. 最後身體變成黃綠色。

第9堂
螳螂腿斷掉，
還會長出新腿嗎？

動機　我們都知道，有些生物具再生能力，例如壁虎的尾巴斷了，會長出類似一模一樣的新尾巴；竹節蟲斷腳，脫皮後會長出像蚊香一樣層層疊疊捲曲形狀的「蚊香腳」，直到第二次或第三次脫皮後，才會恢復原貌。我們想了解，斷了腿的螳螂會不會長出新的腿呢？

1. 斷去中腳的竹節蟲。

2. 第一次脫皮長出「蚊香腳」。

3. 經過二次脫皮，終於長出較長的中腳。

目的　探討斷腳後的螳螂有沒有再生能力長出新腳。

步驟

1. 寬腹螳螂斷腳記錄：以斷了第三對左腳的寬腹螳螂若蟲為例，觀察脫皮後，會不會長出新的腳。
2. 魏氏奇葉螳歪犄角的記錄：以頭頂長歪的犄角為例，觀察脫皮後，犄角會不會恢復原貌。
3. 台灣大刀螳螂斷腳記錄：以斷了第三對右腳的台灣大刀螳螂若蟲為例，觀察脫皮後，會不會長出新的腳。

結果

1. 斷了腳的寬腹螳螂若蟲，經過二次脫皮後，長出大小相似的腳。
2. 頭頂歪犄角的魏氏奇葉螳，經過二次脫皮後，犄角漸漸恢復直立。
3. 失去腳的台灣大刀螳螂若蟲，經過一次脫皮後，長出較短的腳後就蛻變為成蟲。 成蟲後不再脫皮蛻變及具有再生能力，從此成為了長短腳。

▌寬腹螳螂後腳再生過程

1. 失去左腳。

2. 經過一次脫皮第三對腳長出一小段。

3. 經過第二次脫皮，幾乎長出一模一樣的後腳。

■ 魏氏奇葉螳螂犄角再生過程

1. 狹隘空間會讓魏氏奇葉螳頭頂犄角彎曲。

2. 經過一次脫皮後，犄角慢慢變直。

3. 經二次脫皮後，才恢復成原來的模樣。

■ 台灣大刀螳螂右腳再生過程

1. 斷去右後腿的台灣大刀螳螂終齡幼蟲。

2. 脫下的舊皮可看到斷腳處。

3. 蛻變為成蟲後，右後腳雖然長出來，但還是比原來的腳短了許多。

第 10 堂
如何分辨野外採集的螳螂有無被鐵線蟲寄生？

動機　第一次在飼養箱內看到 40 幾公分長的鐵線蟲從螳螂肚子鑽出時，那個畫面雖然相當震憾，但腦子裡想的第一個問題是，從野外帶回來的螳螂肚子裡有沒有鐵線蟲，是否有分辨被寄生後的特徵。

▲看似正常的台灣寬腹螳螂，不知有無被鐵線蟲寄生。

▲已經死亡且被寄生的台灣寬腹螳螂，不知鐵線蟲還會不會再鑽出來。

目的
1. 探討如何分辨鐵線蟲是否被寄生的個體特徵。
2. 探討被寄生後的螳螂會不會繼續攝食。
3. 探討沒有水的地方鐵線蟲會不會鑽出螳螂體外呢？

步驟
1. 將螳螂的身體翻面並用筷子輕壓胸部，觀察腹部有無異狀，或者用手輕輕觸碰腹部，感受有無鐵線蟲在肚子裡面。
2. 將死亡後的螳螂放在有水的溼地上，觀察鐵線蟲是否會鑽出來。
3. 在飼養箱內沒有水的情況下，鐵線蟲是否再鑽出來。
4. 用剪刀剪開已經死亡的螳螂腹部，觀察鐵線蟲在肚內的寄生狀況，實驗步驟操作如下圖：

1.觀察活螳螂腹部特徵。

2.用手觸碰死亡螳螂並確定肚內有無硬物。

3.死亡的螳螂放在水上觀察是否有鐵線蟲鑽出？

4.準備打開三隻死亡的螳螂腹部，觀察肚內鐵線蟲寄生狀態。

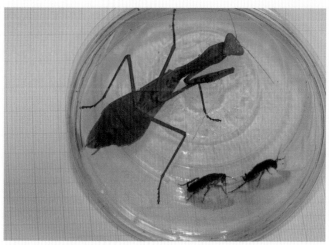

5.放二隻蟑螂到透明盒內，觀察被寄生的螳螂是否會再捕食。

結果

1. 我們發現沒有被寄生的螳螂，腹部只有單一綠色或黃綠體色，被寄生的螳螂腹部過度膨脹且有黑塊斑，隱約可以看到腹部內的鐵線蟲。

2. 死亡後的螳螂放入水中，鐵線蟲沒有鑽出體外，推測寄主死亡時間過久，尚未發育成熟的鐵線蟲也死在螳螂肚內。

3. 被寄生的螳螂仍有少量進食狀態，但食量並不大。

4. 打開螳螂肚子發現幾乎沒有任何器官了，可見鐵線蟲早已把螳螂的內臟吃掉，並且以纏繞成圈狀的方式寄生在螳螂肚子裡。

▲腹部單一綠色沒有被寄生的螳螂。

▲被寄生螳螂腹部末端有黑色斑紋。

▲被寄生螳螂腹部鼓起膨脹。

▲鐵線蟲鑽出後，腹部呈凹陷。

▲被寄生的螳螂還會進食,只是食量不大。

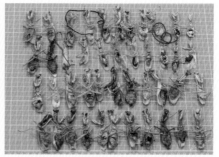

▲有四十四隻因鐵線蟲寄生而死亡的台灣
寬腹螳螂。

▲鐵線蟲以纏繞方式寄生在螳螂肚內。

第11堂
利用飼養螳螂做生物防治，照顧農作物

動機

農藥或除草劑的濫用不僅汙染土地，更危害到我們人類的健康，這幾年有些農夫意識到過度用藥的棘手問題，因此開始進行友善的「有機耕作」，運用生物間食性的關係，「食物鏈」的觀念，來進行防治。螳螂會吃害蟲，是消滅害蟲的新勝利軍，這是個不用農藥的自然農耕法。本實驗希望透過螳螂的飼養來進行生物防治，照顧作物的成長。

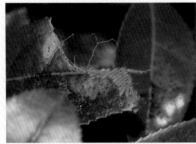
▲害蟲啃食作物是農夫最頭痛的問題。

▲但除草劑的大量使用，不僅汙染土地也危害健康。

目的

如何利用螳螂防治害蟲，以及除了螳螂之外，還有哪些昆蟲可以進行生物防治。

步驟

1.將螳螂放到蟲害嚴重的菜園或茶園，觀察螳螂如何去捕食害蟲。
2.觀察除了螳螂之外，瓢蟲如何去捕食害蟲。

1. 菜園或茶園內的螳螂會四處走動，一遇到害蟲出現會立刻捕食，達到消滅害蟲的目的。

2. 我們發現在園內的螳螂還會產下螵蛸，這些螵蛸子孫一旦順利孵化，那麼一、二百隻的小螳螂，又將成為園內消滅害蟲的新勝利軍。

3. 瓢蟲不僅成蟲會吃蚜蟲，就連瓢蟲的幼蟲也是克制蚜蟲的天敵。

■ 菜園內異脈大刀螳螂捕食菜蟲過程

1. 被菜蟲啃得殘破不堪的葉片。

2. 異脈大刀螳螂進駐菜園。

3. 牠會四處找尋菜蟲。

4. 不久後發現前方有隻菜蟲。
（紋白蝶幼蟲）

5. 保持警覺並開始往菜蟲方向前進。

6. 接近菜蟲收起捕捉足蓄勢待發。

7. 菜蟲進入獵捕範圍，身體前傾。

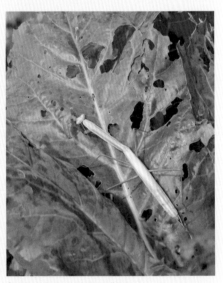

8. 抓到菜蟲立刻送至嘴裡。

9. 大快朵頤啃食菜蟲，真不愧是農作物的守護者。

▲把後代螵蛸產在葉片上的台灣大刀螳螂螵蛸。

▲躲在茶葉葉片下啃食害蟲的寬腹螳螂若蟲。

▲瓢蟲可愛的模樣，深受農友們喜愛，是生態防治法中常用的昆蟲。

▲長相如螞蟻的瓢蟲幼蟲，吃起蚜蟲來一點也不留情。

第12堂
爲何飼養箱內交配的雄螳螂，容易被雌螳螂捕食

動機

螳友們常會分享飼養的螳螂在交配時，雄螳螂被雌螳螂啃食的照片或心得。可是我們在野外記錄螳螂交配時，發現的結果是雄螳螂很謹慎，嘗試用各種方法迴避雌螳螂的攻擊，甚至交配後，雄螳螂輕鬆降落地面，沒有被雌螳螂吃掉的情況。因此我們認為螳螂交配時，雌雄螳螂間一定有個安全距離，讓雄螳螂有機會逃脫。

▲交配結束的雌雄螳螂。

▲螳螂一鬆腳，微微展翅滑落到草地上，沒有被雌螳螂吃掉。

目的

測量雌雄螳螂交配時的安全距離。

步驟

1. 觀察台灣寬腹螳螂交配的行為反應。
2. 根據雌雄螳螂交配的姿勢，測量出雄螳螂頭部距離雌螳螂胸部間的角度，進而找出雄螳螂安全的角度或距離。

結果

1. 交配過程中，雄螳螂緊趴在雌螳螂背後，頭部低下，跟著雌螳螂四處移動。

2. 使用量角器測量雌雄螳螂頭部距離間的角度在 50º ～ 115º 間。

3. 曾經測量過螳螂的頭胸部大約扭轉 135º ～ 180°，而雄螳螂交配時頭部距離雌螳螂胸部的角度在 50º ～ 115º 間，這個角度是雌螳螂能夠回轉獵捕的範圍內，因此推測即使雄螳螂一直待在雌螳螂背後的結果，會有被捕食的風險。

4. 結論，飼養箱內空間狹窄，雄螳螂如果離雌螳螂的背部超過 135° 較有可能逃離雌螳螂的捕食。

■ 台灣寬腹螳螂交配時，雌雄螳螂的行為反應

1. 剛剛跳上雌螳螂身上的雄螳螂。（上雄下雌）

2. 雌螳螂背著雄螳螂走進草叢間。

3. 接著走入空曠地。

4. 雌螳螂一回頭，雄螳螂還用頭不斷頂著雌螳螂的胸部，不讓牠有轉身機會。

■ 各種螳螂交配時，雌雄螳螂間的角度距離

◀寬腹螳螂交配時，
雄螳螂頭部距離雌螳
螂胸部大約 115°。

▶台灣大刀螳螂交配
時雄螳螂頭部距離雌
螳螂胸部大約 50°。

▲台灣寬腹螳螂交配時雄螳螂頭部距離雌螳螂胸部大約 78°。

第13堂
螳螂遇到豪大雨侵襲或森林火災有防護措施嗎？

動機

每年雨季來時，都會一連下幾天的大雨，螵蛸內的卵會淹死嗎？會影響日後的孵化嗎？或者遇到有人燃燒雜草甚至引發森林大火，螳螂成蟲可以跑走，但無法移動的螵蛸有自保能力來度過危機嗎？

▲大花咸豐草上的螵蛸被雨水打落在草叢上。

▲無情野火會對螳螂螵蛸產生傷亡嗎？

目的

探討螳螂螵蛸泡到水、遇到烈火後的變化。

步驟

1. 遇水實驗：

（1）先在實驗室秤量螵蛸的重量，再模擬下雨把螵蛸泡在水中。

（2）經過一小時後觀察螵蛸的外觀變化，再放上電子秤秤重，記錄遇水前後的變化。

（3）本實驗各以一枚人工飼養所產下的台灣大刀螳螂及野外採集的寬腹螳螂螵蛸作為實驗種類。

2. 遇火實驗：

（1）分別準備一個小蠟燭台，台灣寬腹螳螂、台灣大刀螳螂與寬腹螳螂等三種已經孵化過的空螵蛸做實驗。

（2）點火後，將三種螵蛸輕輕觸碰火苗後就移開，觀察螵蛸碰到火後的狀態。實驗操作順序如下圖：

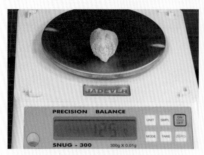

1.泡水前，台灣大刀螳螂螵蛸重 1.25g。

2.將螵蛸泡水後拿起來。（人工飼養的螵蛸）

3.泡水前寬腹螳螂螵蛸重 1.11g。（野外採集螵蛸）

4.將螵蛸泡水後拿起來。

5.準備三種螵蛸及蠟燭。

6.將台灣寬腹螳螂螵蛸觸碰火苗。

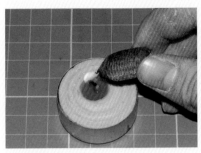
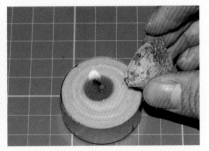

7. 將寬腹螳螂螵蛸觸碰火苗。　　8. 將台灣大刀螳螂螵蛸觸碰火苗。

結果

1. 台灣大刀螳螂螵蛸的重量由 1.25g 增加到 1.58g；寬腹螳螂的螵蛸重量由 1.11g 增加到 1.34g。螵蛸表面都沾有水，體重也都稍微上升，證明水分會進入螵蛸內，但因表面蓬鬆透氣，因此留在內部的水分並不多。

2. 三種螳螂的螵蛸一碰到火就會燃燒，表面的泡沫海綿狀膠質是沒有任何防火功用，證明螵蛸會被大火燒毀。

1. 表面沾滿水漬的台灣大刀螳螂螵蛸。

2.螵蛸重量增加到 1.58g。

3.表面沾有水漬的寬腹螳螂螵蛸。

4.螵蛸重量增到 1.34g。

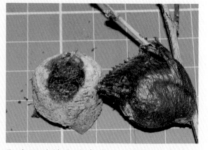

5.表面被燒焦的台灣大刀螳螂與台灣寬
　腹螳螂螵蛸。

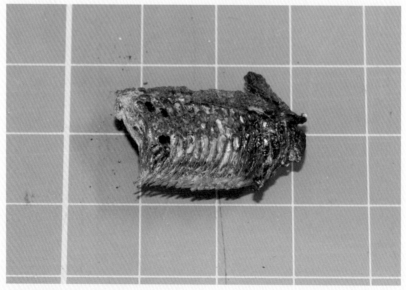

6.寬腹螳螂螵蛸內部已被大火燒毀。

第14堂
螳螂神奇的頭、胸部扭轉角度

動機

看過螳螂抓取獵物的人，無不讚嘆牠那精準捕獲移動中獵物的能力。螳螂之所以有這樣的能力，除了有銳利的複眼之外，能大幅度的快速扭轉頭、胸部也是關鍵之一。本實驗透過雌螳螂捕食雄螳螂的姿勢，去推測找出螳螂頭、胸部轉動的範圍。

目的

探討螳螂頭、胸扭動範圍。

步驟

1. 觀察靜態的螳螂其頭部轉動過程，並使用量角器測量頭、胸扭轉的角度。
2. 觀察動態的螳螂，根據交配前頭、胸的回轉動作，及雌螳螂啃食雄螳螂頭、胸的彎曲角度，去估算出扭轉角度範圍，實驗以寬腹螳螂與台灣寬腹螳螂為例。

結果

1. 螳螂的頭部大約可以扭轉 180°。
2. 螳螂的胸部扭轉幅度至少可達 135°。

1. 頭部正面。

2. 頭部往左邊移動 90°。

3.整個頭胸移往左後方向。

4.頭部微微向右邊移動。

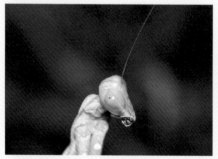

5.最後停在 90º 右邊方向的寬腹螳螂。

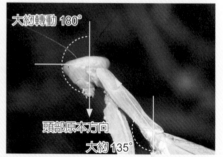

大約轉動 180°

頭部原本方向

大約 135°

胸部原本位置

6.寬腹螳螂靜態時
頭部回轉的角度。

正常頭胸
方向位置　大約 135°

▲寬腹雌螳螂回頭查看雄螳螂，頭、胸大約回轉 135°

大約90°　正常頭胸
方向位置

▲台灣寬腹雌螳螂捕食雄螳螂，頭、胸大約回轉90°。

正常頭胸
方向位置

大約96°

▲寬腹雌螳螂捕食雄螳螂，頭、胸大約回轉96°。

國家圖書館出版品預行編目 (CIP) 資料

螳螂飼養與觀察／李季篤作 -- 初版 . -- 臺中市
：晨星，2018.01
　面；　公分 . --（飼養 & 觀察；6）
ISBN 978-986-443-364-3（平裝）

1. 螳螂 2. 寵物飼養

437.39　　　　　　　　106018780

飼養 & 觀察 006

螳螂飼養與觀察

作者	李季篤
主編	徐惠雅
執行主編	許裕苗
版面設計	許裕偉

創辦人　陳銘民
總經銷　知己圖書股份有限公司
　　　　台北：台北市 106 辛亥路一段 30 號 9 樓
　　　　TEL：（02）23672044 ／ 23672047　FAX：（02）23635741
　　　　台中：台中市 407 工業 30 路 1 號
　　　　TEL：（04）23595819 FAX：（04）23595493
　　　　E-mail：service@morningstar.com.tw
網路書店　http：// www.morningstar.com.tw
　　　　行政院新聞局版台業字第 2500 號
法律顧問　陳思成律師
初版　西元 2018 年 01 月 06 日
郵政劃撥　15060393（知己圖書股份有限公司）
讀者服務專線　04-23595819#230
印刷　上好印刷股份有限公司

定價 450 元
ISBN 978-986-443-364-3

Published by Morning Star Publishing Inc.
Printed in Taiwan

◆讀者回函卡◆

以下資料或許太過繁瑣，但卻是我們了解你的唯一途徑，
誠摯期待能與你在下一本書中相逢，讓我們一起從閱讀中尋找樂趣吧！

姓名：＿＿＿＿＿＿＿＿＿＿＿＿　性別：□ 男　□ 女　生日：　　／　　　／

教育程度：＿＿＿＿＿＿＿＿＿＿＿

職業：□ 學生　　　　□ 教師　　　　□ 內勤職員　　　□ 家庭主婦

　　　□ 企業主管　　□ 服務業　　　□ 製造業　　　　□ 醫藥護理

　　　□ 軍警　　　　□ 資訊業　　　□ 銷售業務　　　□ 其他＿＿＿＿＿

E-mail：（必填）＿＿＿＿＿＿＿＿＿＿＿＿＿　聯絡電話：（必填）＿＿＿＿＿

聯絡地址：（必填）□□□＿＿＿＿＿＿＿＿＿＿＿＿＿＿＿＿＿＿＿＿＿

購買書名：螳螂飼養與觀察

· **誘使你購買此書的原因？**

□ 於 ＿＿＿＿＿＿ 書店尋找新知時　□ 看 ＿＿＿＿＿＿ 報時瞄到　□ 受海報或文案吸引

□ 翻閱 ＿＿＿＿＿＿ 雜誌時　□ 親朋好友拍胸脯保證　□ ＿＿＿＿＿＿ 電台 DJ 熱情推薦

□ 電子報的新書資訊看起來很有趣　□ 對晨星自然 FB 的分享有興趣　□瀏覽晨星網站時看到的

□ 其他編輯萬萬想不到的過程：＿＿＿＿＿＿＿＿＿＿＿＿＿＿＿＿＿＿＿＿

· **本書中最吸引你的是哪一篇文章或哪一段話呢？**＿＿＿＿＿＿＿＿＿＿＿＿＿＿

· **你覺得本書在哪些規劃上需要再加強或是改進呢？**

□ 封面設計＿＿＿＿＿＿　□ 尺寸規格＿＿＿＿＿＿　□ 版面編排＿＿＿＿＿＿

□ 字體大小＿＿＿＿＿＿　□ 內容＿＿＿＿＿＿＿　□ 文／譯筆＿＿＿＿＿＿　□ 其他＿＿＿＿＿

· **下列出版品中，哪個題材最能引起你的興趣呢？**

台灣自然圖鑑：□植物 □哺乳類 □魚類 □鳥類 □蝴蝶 □昆蟲 □爬蟲類 □其他＿＿＿＿＿

飼養＆觀察：□植物 □哺乳類 □魚類 □鳥類 □蝴蝶 □昆蟲 □爬蟲類 □其他＿＿＿＿＿

台灣地圖：□自然 □昆蟲 □兩棲動物 □地形 □人文 □其他＿＿＿＿＿

自然公園：□自然文學 □環境關懷 □環境議題 □自然觀點 □人物傳記 □其他＿＿＿＿＿

生態館：□植物生態 □動物生態 □生態攝影 □地形景觀 □其他＿＿＿＿＿

台灣原住民文學：□史地 □傳記 □宗教祭典 □文化 □傳說 □音樂 □其他＿＿＿＿＿

自然生活家：□自然風 DIY 手作 □登山 □園藝 □農業 □自然觀察 □其他＿＿＿＿＿

· **除上述系列外，你還希望編輯們規畫哪些和自然人文題材有關的書籍呢？**＿＿＿＿＿＿

· **你最常到哪個通路購買書籍呢？**□博客來 □誠品書店 □金石堂 □其他＿＿＿＿＿

很高興你選擇了晨星出版社，陪伴你一同享受閱讀及學習的樂趣。只要你將此回函郵寄回本社，
我們將不定期提供最新的出版及優惠訊息給你，謝謝！

若行有餘力，也請不吝賜教，好讓我們可以出版更多更好的書！

· **其他意見：**＿＿＿＿＿＿＿＿＿＿＿＿＿＿＿＿＿＿＿＿＿＿＿＿＿＿＿＿

晨星出版有限公司 編輯群，感謝你！

晨星出版有限公司　收

地址：407 台中市工業區三十路 1 號
贈書洽詢專線：04-23595820*112　傳真：04-23550581

請填妥後對折裝訂，直接投郵即可，免貼郵票。